江西理工大学优秀博士论文文库

激光3D打印压电器件

戚方伟 著

北 京
冶 金 工 业 出 版 社
2021

内 容 提 要

本书系统地介绍了选择性激光烧结技术在压电器件制备中的研究现状，详细介绍和归纳了目前压电器件的制备技术及分析检测技术；定量描述了粉体流动性和堆积特性与激光的作用关系，详细分析和研究了固相剪切研磨和球形化技术制备的压电粉体的结构、性能及特性，阐明了复合粉体球形化机理及影响因素，实现了 PA11/$BaTiO_3$复合粉体的 SLS 加工，系统研究了压电器件的微观和宏观结构对力电转换效率的影响及机理，以期对规模化制备适用于 SLS 加工的功能球形粉体及通过 SLS 加工制备具有复杂结构的功能制件提供理论与技术指导。

本书适用于激光 3D 打印压电器件行业相关的各类高等院校、教育科研工作者和专业技术人员，也可供关心增材制造发展的不同领域、不同行业的人士，以及研究生、本科生阅读参考。

图书在版编目(CIP)数据

激光 3D 打印压电器件/戚方伟著. —北京：冶金工业出版社，2021.8
ISBN 978-7-5024-8916-8

Ⅰ.①激… Ⅱ.①戚… Ⅲ.①快速成型技术—应用—压电器件 Ⅳ.①TN384

中国版本图书馆 CIP 数据核字（2021）第 179888 号

出 版 人 苏长永
地 址 北京市东城区嵩祝院北巷 39 号 邮编 100009 电话 (010)64027926
网 址 www.cnmip.com.cn 电子信箱 yjcbs@cnmip.com.cn
责任编辑 夏小雪 张 丹 美术编辑 吕欣童 版式设计 郑小利
责任校对 梁江凤 责任印制 李玉山
ISBN 978-7-5024-8916-8
冶金工业出版社出版发行；各地新华书店经销；三河市双峰印刷装订有限公司印刷
2021 年 8 月第 1 版，2021 年 8 月第 1 次印刷
710mm×1000mm 1/16；11 印张；186 千字；168 页
60.00 元
冶金工业出版社 投稿电话 (010)64027932 投稿信箱 tougao@cnmip.com.cn
冶金工业出版社营销中心 电话 (010)64044283 传真 (010)64027893
冶金工业出版社天猫旗舰店 yjgycbs.tmall.com
（本书如有印装质量问题，本社营销中心负责退换）

前　　言

选择性激光烧结（Selective Laser Sintering，SLS）是一种重要的3D打印加工技术，可制备传统加工无法制备的任意复杂形状的制件，广泛应用于航空航天、国防装备、医疗器械以及汽车等高新技术领域。目前SLS加工面临聚合物原料种类少、功能缺乏以及粉体生产成本高等瓶颈问题。尼龙11/钛酸钡（PA11/$BaTiO_3$）压电复合材料兼具压电陶瓷优异的压电性能和奇数尼龙优异的加工性能与力学性能，有着广泛的应用，难点在于实现$BaTiO_3$在PA11中的良好分散，规模化制备适合于SLS加工的球形复合粉体，通过SLS加工制备形状复杂、性能优异的PA11/$BaTiO_3$压电器件。

本书创新性地通过固相剪切碾磨技术和球形化技术规模化制备了适用于SLS加工的PA11/$BaTiO_3$压电球形粉体。首次通过宏观、微观结构设计及SLS加工技术制备了传统聚合物加工方法不能制备的形状复杂且力电转换性能优异的多孔PA11/$BaTiO_3$压电器件。定量描述了粉体颗粒几何特征与粉体流动性、堆积特性和与激光间的相互作用关系，阐明了复合粉体球形化机理及影响因素，实现了PA11/$BaTiO_3$复合粉体的SLS加工，系统研究了压电器件的微观和宏观结构对力电转换效率的影响及机理，为规模化制备适用于SLS加工的功能球形粉体及通过SLS加工制备具有复杂结构的功能制件提供了新原理新技术，具有重要的理论和实际意义。

本书为江西理工大学资助出版。

最后，感谢各位老师、同学以及家人在本书撰写过程中给予的指导、关心和帮助，正是他们的理解、鼓励和支持，为我完成本书提供了动力！

作　者

2021 年 6 月

目　　录

1 绪　　论

1.1 引　　言

增材制造（Additive Manufacturing，AM），又称为3D打印（3D Printing）、快速原型制造（Rapid Prototyping）和自由成型制造（Freeform Fabrication）等，起源于20世纪80~90年代的美国[1]，该技术融合了计算机科学、CAD/CMA、数控技术以及新材料等多领域的先进成果，是近年来飞速发展的基于CAD模型数据通过增加材料逐层制造的非传统的先进制造方法，主要包括选择性激光烧结（Selective Laser Sintering，SLS）[2]、熔融沉积成型（Fused Deposition Modeling，FDM）[3]、光固化成型（Stereo Lithography Apparatus，SLA）[4]、分层实体制造（Laminated Object Manufacturing，LOM）[5]、三维喷绘打印（Three Dimensional Printing，3DP）[6]等。与传统的加工方法如切削、铸造、挤出、注塑等相比，3D打印技术优势主要在于自由成型，整体制造，不需模具，可制造传统加工无法制备的复杂结构[7]。由于不需要模具，可实现复杂制件的小批量和定制化生产。比如，采用传统的加工手段，厂商必须制造大量的零部件才能承担模具成本，即使制造具有中等复杂程度的模具至少需要花费5万美元，并耗时两个月以上[8]。此外，零件的结构参数在打印过程中可任意修改，从而大大提高了生产效率。3D打印深刻改变了制造业形态，可解决一些传统制造业难以解决或不能解决的难题，为航空航天、通信电子、生物医用等高新技术领域提供关键技术和制品[9,10]，还可满足人们对个性化、经济实用化产品日益增长的需求，改变人们生活方式和社会经济结构，被称为“将推动实现第三次工业革命”[11]，近年来发展特别迅速。据统计，2016年全球3D打印产值为60.6亿美元，同比增长17.4%[12]，美国居领先地位，被美国“时代周刊”列为“美国十个增长最快的工业”[13]。由于3D打印现实和未来的重要性，世界各国将3D打印列为重点发展的新兴战略产业，制定了一系列的战略部署和政策方针，以期占领3D打印技术的制高点。我国也十分重视3D打印的研究，自20世纪90年代在3D打印耗材、设备以及软件方面作出了重要贡献。2017年12月，国家十二部门联合制定《增材制造产业发展行动计划（2017~2020年）》。

SLS作为3D打印的主要技术之一，具有成型精度高、材料利用率高、无需支撑等特点，是一种成熟的3D打印成型技术[14]。高分子材料是目前SLS加工应用最成功、最广泛的材料[2]，主要以尼龙及其复合材料为主，虽然还开发出其他材料如聚丙烯、聚乙烯、聚苯乙烯、聚碳酸酯和聚醚醚酮等[15~17]，但相比可用于传统加工的高分子材料，可用于SLS加工的高分子材料种类少，很大程度上限制了SLS加工技术的发展和应用。国内外研究者发展了纳米填料、纤维、金属材料等填充改性高分子材料，用于SLS打印加工，但填料在聚合物中的均匀分散一直是困扰该技术的难题。目前高分子复合粉体的制备方法主要为机械共混[18]、熔融挤出-冷冻粉碎[19]和溶剂沉淀[20]等，难以制备内部结构均匀的功能复合粉体。因此，针对国民经济的关键需求，如何制备适用于SLS加工的具有高性价比、多功能化的聚合物基微纳米功能复合粉体不仅对发展SLS技术产业具有重要的推动作用，也将对新材料产业的发展起到积极促进作用。

在众多功能材料中，压电材料能将机械能转化为电能，成为目前研究的前沿和热点[21,22]。其中，由高分子和陶瓷组成的压电复合材料兼具压电陶瓷较高的压电输出性能和高分子材料良好的加工性能，是研究应用最多的热门材料。但传统聚合物加工方法无法制备形状复杂的压电器件，难以满足当前功能制件对复杂结构的需求。而SLS技术的出现为复杂结构制件的设计和加工提供了无限可能，可真正实现“所思即可得”。

本书创新性地通过固相剪切碾磨技术和球形化技术规模化制备了适用于SLS加工的PA11/$BaTiO_3$压电球形粉体；首次通过宏观、微观结构设计及SLS加工技术制备了传统聚合物加工方法不能制备的形状复杂且力电转换性能优异的多孔PA11/$BaTiO_3$压电器件。定量描述了粉体颗粒几何特征与粉体流动性、堆积特性和与激光间的相互作用关系，阐明了复合粉体球形化机理及影响因素，实现了PA11/$BaTiO_3$复合粉体的SLS加工，系统研究了压电器件的微观和宏观结构对力电转换效率的影响及机理，为规模化制备适用于SLS加工的功能球形粉体及通过SLS加工制备具有复杂结构的功能制件提供了新原理新技术，具有重要的理论和实际意义。

1.2 选择性激光烧结技术

1.2.1 SLS 技术的成型方式和优势

SLS 作为一种重要的 3D 打印技术，于 1988 年由美国的 C. R. Deckard 博士[23]提出，次年成功制造第一台 SLS 样机并获得该技术的首个专利[24]。该技术与其他 3D 打印成型方式相同，利用离散/堆积原理，依靠计算机辅助设计三维模型和制造，实现粉体材料从数字模型到三维实体的直接制造。在成型过程中，首先要将 CAD 模型切分成厚度为 100~200μm 的薄片，同时根据扫描算法规划激光束的扫描路径，然后通过计算机控制激光束选择性地熔融铺于加工区的若干薄层，最终得到形状复杂的三维制件。该技术可制备任意复杂形状的制件，整个过程无需模具。SLS 加工的原理示意图如图 1-1 所示。

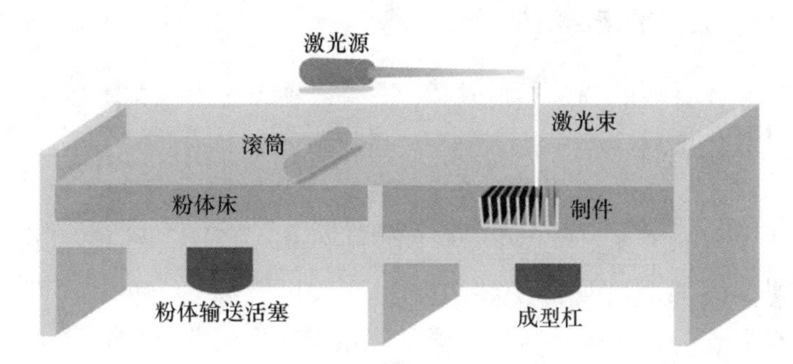

图 1-1 选择性激光烧结过程的示意图

SLS 加工主要包括预热、成型及冷却三个过程。首先采用铺粉辊将粉体均匀铺展在成型区域进行预热，然后利用高能激光束在计算机控制下选择性地将粉体迅速升温至其熔点或玻璃化温度，相邻的粉体颗粒熔融黏结成颈，最终形成整个烧结截面。待当前烧结截面完成后，成型缸和供粉缸在计算机控制下分别下降和上升一定的高度，铺粉辊将下一层的粉体均匀铺至成型区域，新的粉体层在激光加热下成型，同时保证激光所提供的能量足以使新粉体层熔融并黏结于位于下方的已烧结部分。激光束的能量要控制在合理范围内，其提供的能量至融化当前分层零件所对应的截面区域，未被烧结区域的粉体仍然保持松散的状态并能为烧结件提供支撑，待整个烧结过程完成后需要对制件进行冷却防止翘曲，冷却结束后清除烧结件周围粉体并最终得到制件。

与其他的3D打印技术相比，SLS加工技术具有以下优势：

（1）成型工艺简单，价格低，材料利用率高。SLS在加工过程中，未被烧结区域的粉体可以对烧结制件起支撑作用，不像光固化和熔融沉积成型技术所需的另外支撑结构，可直接制备形状复杂的制件。Dickens和Ruffo等[25,26]评估了SLA、FDM和SLS三种技术在制造相同结构制件的成本，发现SLS的生产成本最低。

（2）原材料来源广泛。相比SLA和FDM等3D打印技术，从理论上讲，凡是通过激光加热后黏度降低的粉体材料，从高分子到金属、无机非金属材料都可以作为SLS加工原料。

（3）成型制件适合多种用途。由于SLS成型材料种类相对较多，可选用不同的成型材料制造不同用途的烧结件，如制作结构件和功能测试件、金属零件或模具、铸造用蜡模和砂型、砂芯等[27,28]。

1.2.2 SLS技术的烧结机理

对于粉体材料的SLS加工成型，主要依赖于粉体颗粒之间在热源作用下达到其软化点或熔点，黏结合并。高能激光束与物质间主要通过光热耦合作用将吸收的激光能量转化为热能被粉体材料吸收，表现为温度升高。为了深入了解SLS加工过程中颗粒间发生的相关反应，研究人员从各个方面探讨了SLS加工过程中的烧结机理。Kruth[29]将SLS的成型机理分为：固相烧结机理、化学诱导结合机理、液相烧结机理以及完全融化机理。

1.2.2.1 固相烧结机理

若粉体材料被激光加热至其熔点（T_m）的一半以上，并低于其熔点时，根据Kelvin理论（$1/2T_m<T<T_m$），体系将发生复杂的物理化学反应，主要是发生了传质（扩散）现象，包括：表面扩散、体积扩散、晶界扩散、蒸发及晶粒的生长。促使扩散现象产生的主要驱动力是颗粒生长到一起时自由能的降低，同时伴随密实化现象。烧结过程中，烧结颈尺寸之所以增加是因为具有高曲率的烧结颈（高孔隙浓度）和“平面”（低空隙浓度）之间形成的空隙梯度，这种浓度差驱使孔隙沿烧结方向流动，同时原子也流向烧结颈。固相烧结机理的优势在于大部分材料都可以通过这种预处理方式结合在一起。当热源产生的能量可以满足孔隙穿过晶界所需要的动能时，所有的粉体材料都可以通过体积扩散的方式结合[30]。体系中

的扩散现象可通过 Fick 方程描述[31]：

Fick 第一定律：
$$F = -D\frac{\partial c}{\partial x} \tag{1-1}$$

Fick 第二定律：
$$\frac{\partial c}{\partial t} = D\left(\frac{\partial^2 c}{\partial x^2} + \frac{\partial^2 c}{\partial y^2} + \frac{\partial^2 c}{\partial z^2}\right) \tag{1-2}$$

式中 F——扩散通量，kg/(m^2 · s)；

D——扩散系数，m^2/s；

c——浓度；

t——时间；

x，y，z——三个空间（笛卡尔）坐标。

Fick 第一定律建立了扩散通量与浓度间的数学模型，而 Fick 第二定律则反映了扩散过程中浓度随时间变化的关系。不同温度下，材料的固相扩散系数 D 可利用 Arrhenius 方程[32]来描述：

$$D = D_0\mathrm{e} - \frac{Q}{RT} \tag{1-3}$$

式中 Q——活化能，kJ/mol；

D_0——最大扩散系数，m^2/s；

R——气体常数，J/(mol · K)；

T——温度，K。

而不同温度条件下，Stokes-Einstein 方程[33]可计算材料的液态扩散系数 D：

$$D = \frac{k_B T}{6\pi\mu r} \tag{1-4}$$

式中 k_B——Boltzmann 常数。

从方程式（1-4）可见，扩散系数正比于体系温度，反比于黏度 μ 和颗粒半径 r。因此，两球形粉体颗粒间的烧结颈变化可通过 Frenkel [34]黏性流动方程来描述：

$$\frac{R_n^2}{R_s} = \frac{2}{3}\left(\frac{\gamma}{\mu}\right)t, \qquad 其中 \frac{R_n^2}{R_s} < 0.3 \tag{1-5}$$

式中 R_n——烧结颈半径，mm；

R_s——颗粒半径，mm；

γ——粉体颗粒的表面能，J/m^2。

通过方程式（1-5）可见，烧结颈的增长率正比于粉体颗粒的表面能，反比于熔体黏度。因而，表面能较低且黏度相对较小的粉体颗粒在烧结过程中更容易黏结。

1.2.2.2 化学诱导烧结机理

粉体材料通过化学反应结合在一起的烧结都可以归为化学诱导烧结。比如 SiC 材料的 SLS 加工，在高温条件下，部分 SiC 将分解为 Si 和 C，紧接着 Si 被氧化成 SiO_2 作为 SiC 颗粒之间的黏结剂，形成由 SiC 和 SiO_2 组成的多组分胚体，然后对胚体进行 Si 浸渗等后处理工艺即可得到内部结构密实的成型件[29]。

1.2.2.3 液相烧结机理

液相烧结是一种不完全融化烧结方式，一般条件下材料体系中包含两种熔点不同的材料，其中熔点较高的材料在烧结过程中作为结构材料，而熔点较低的材料则起到黏结剂的作用。在烧结过程中，熔点低的材料会在升温条件下发生固相到液相的转变，而熔点高的材料始终保持固相状态，融化的液相材料包裹固相材料从而实现颗粒黏结。液相烧结过程中，不同熔点的双组分体系经历液相生成及固相颗粒重排、固相溶解和析出、固相骨架形成三个阶段，如图 1-2 所示。German[35] 通过将选择性激光烧结过程中的液相烧结定义为超固相线液相烧结（Supersolidus Liquid-Phase Sintering，SLPS）来区别传统的液相烧结。

（1）液相生成与固相颗粒重排阶段，相比于固相烧结机理，固体颗粒在液相烧结过程中会在表面张力的作用下发生相对位移。相邻颗粒在表面熔融过程中会在空隙间形成毛细管力和黏滞力，固体颗粒在这两种作用力的驱使下发生相对位移、颗粒重新排列并最终达到新的平衡状态。该阶段中，烧结体的密实程度也会迅速增加。

（2）固相溶解和析出阶段，固体颗粒表面的原子在 SLS 加工过程中会逐渐溶解于液相，溶解度受温度和固体颗粒的尺寸和形状的影响。液相中的小颗粒溶解度相对较大，其表面的凸起棱角容易溶解到液相中。而具有低溶解度的大颗粒只有部分过饱和原子发生表面沉析，过程相对缓慢。相比上一阶段，该阶段主要是液相物质的迁移过程，致密化速率变慢。

（3）固相骨架形成阶段，颗粒在经历以上两个烧结阶段会彼此相互靠近，颗粒黏合程度增加，形成结构稳定的固相骨架，该阶段主要表现为颗粒表面的固相烧结，致密化速率明显变慢。此外，多余的液相会填充于骨架间隙。

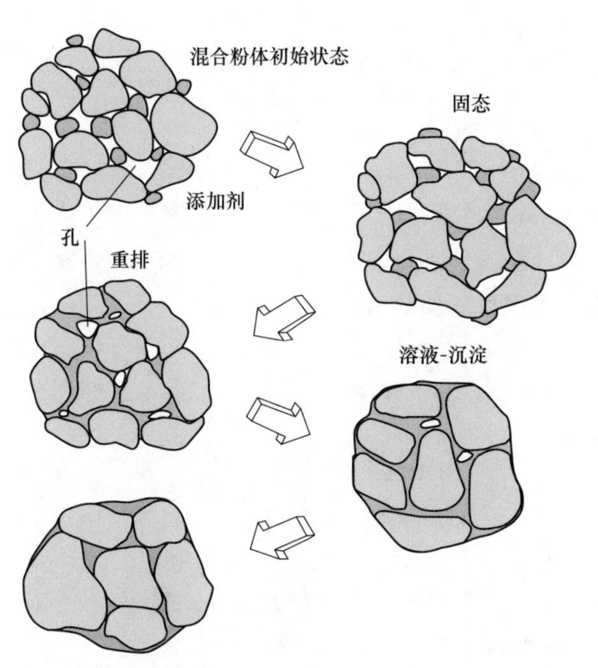

图 1-2 液相烧结（LPS）期间微观结构变化的示意图，从混合粉体和颗粒之间的孔开始[36]

（在加热期间，颗粒烧结，但是当形成熔体并散布时，固体颗粒会重新排列；随后的致密化伴随着变粗；对于许多产品，由于液体中的扩散会加速晶粒形状变化，从而有利于孔隙去除，因此会出现孔隙消失的现象）

由此可见，SLS 成型件的内部结构主要受液相的表面张力和黏度两个因素的影响。两个固相颗粒之间的液相内部压力小于外部压力，形成的压力差可通过下式计算[36,37]：

$$\Delta p = 2\gamma_{lv}\cos\theta/d \tag{1-6}$$

式中 Δp——固体颗粒表面受到的力，N；

γ_{lv}——气-液表面能，J/m^2；

θ——接触角；

d——两固相颗粒间的距离，m。

从方程式（1-6）可见，在激光烧结的起始阶段，体系中的固相颗粒和晶界在液相表面张力作用下被浸润，致使体系中其他固相颗粒和孔隙的重新排布，从而实现颗粒的形状适应性变化和晶粒增长等，促进了后续的密实化过程。此外，液相对固相颗粒的浸润作用降低了液相的“球化”作用，有利于得到内部结构完善的烧结制件。

在 SLS 加工过程中，液相相对黏度是影响其浸润过程中毛细作用力的重要因素[38]。只有黏度足够低，才能使液相更好地包围固相颗粒，内部密实化更加充分。流体黏度 μ 可由公式（1-7）确定：

$$\mu = \tau/\nu \tag{1-7}$$

式中 μ——流体黏度，Pa·s；

τ——对体系所施加的剪切力，N；

ν——剪切速率，s^{-1}。

流体的黏度主要依赖于系统的温度，可表示为：

$$\mu = \mu_0 \exp[\Delta E/(kT)] \tag{1-8}$$

式中 μ——温度 T 下的液体黏度，Pa·s；

μ_0——恒定常数；

ΔE——流动过程中速率控制的能量位垒，J；

k——Boltzman 常数。

在 SLS 加工多组分材料体系中，至少含两种熔点不同的材料，固体颗粒的存在会影响 SLS 加工过程中体系的黏度，降低流体的流动性，多组分材料体系的黏度主要取决于所含固相颗粒的比例，可用下面方程描述：

$$\mu_{sl} = \mu_1(1 + cV_s) \tag{1-9}$$

式中 μ_{sl}——固-液混合体系的黏度，Pa·s；

μ_1——纯液相的黏度，Pa·s；

c——常数，通常情况下为 2.5；

V_s——体系中固相比例。

而另外一种多组分体系黏度的表达式为：

$$\mu_{sl} = \mu_1 \left(1 - \frac{\phi}{\phi_c}\right)^{-2} \tag{1-10}$$

式中 μ_1——纯液体黏度，Pa·s；

ϕ_c——临界体积分数，测量值约为0.62[39]。

从上述方程式可见，固液体系的黏度随固体颗粒的加入而增加。若体系中材料的选择更利于颗粒间润湿作用的发生，就可有效阻止球化效应。因此，合适的固相体积分数可有效防止体系发生球化效应。体系中固相含量小于0.25时可能会发生球化效应，反之固相含量过高时会致使体系中液相不足，制件结构不完整，内部出现多孔结构，降低材料的综合性能。通常条件下，混合粉体中的固相体积含量应维持在0.25~0.6范围内。

1.2.2.4 完全融化机理

完全融化机理是将材料在加工过程中全部熔融而结合在一起，这样可得到具有致密结构且力学性能良好的制件，省去后处理过程。该机理适用于单一组分，如金属、陶瓷以及聚合物都可通过完全融化结合机理完成整个制件的加工。

1.2.3 SLS技术的发展概况

拥有多项专利技术的美国DTM公司在SLS新技术的研发方面投入大量人力和财力，于1992年首次推出Sinterstation 2000系列SLS成型机，紧接着分别在1996年和1998年推出了经过升级和改造的Sinterstation 2500和Sinterstation 2500^{plus}系列的SLS成型机，与此同时其开发的商用原料可广泛用于制造蜡模、陶瓷、金属和塑料零件[40,41]。2001年该公司被3D公司收购并于2004年推出了首款Sinterstation HiQ成型机，奠定了3D公司在SLS成型机制造方面的领先地位，市场份额占全球60%以上。与此同时，成立于1989年的EOS公司是国际上另外一家具有重要影响力的SLS成型设备制造商，其推出的EOSINT系列成型机适用于不同材料的加工，如EOSINT P可用于塑料功能件、真空铸造及熔模铸造的模具制造；EOSINT S可用于制造具有复杂结构的铸造砂型和砂芯。特别是EOSINT M系列金属成型机是目前该公司推出的商业化相对成熟的高端3D打印设备。EOS公司在产品的升级和更新速度方面较快，最新推出的EOSINT M280系统的最大功率和成型件精度分别达到8.5kW和±20μm[42]。EOS公司在SLS领域的强劲发展势头，使其在美国市场占有一定份额。

我国于20世纪90年代开始进入快速成型设备的研究，最初主要以跟踪学习为主，由于关键技术和设备主要依赖进口，加之配套设备及成型材料需要额外收费，导致国内企业和研究机构难以承受。为解决以上问题，促进快速成型设备的研发，掌握具有自主知识产权的快速成型技术，国家制定了相关的政策支持，众多研究机构在快速成型设备的研发方面取得了较大的进展，部分研究成果已达到国际领先水平。国内首台 SLS 加工设备是由北京隆源公司于 1994 年推出的，1996 年将第一台 SLS 成型设备 AFS-300 销往北京航空材料研究院并成功用于航空新产品的设计及研发。随后华中科技大学也推出了目前世界上最大的 HRPS 系列的 SLS 成型机，该设备采用四振镜和四激光器，成型空间达 1.4m×1.4m×0.5mm，SLS 加工效率明显提高[43]。中山盈普开发的 ELITE P 系列 SLS 加工设备首次应用于工业级塑胶零件的加工，填补了国内该项技术的空白。特别是韩国 LGE 公司在 2016 年从该公司订购了 TPM ELITE P5500 系列工业级 SLS 加工设备，标志着国内 SLS 成型设备正式迈向国际市场。湖南华曙高科成立于 2011 年，成功研发出我国首台 FS401α 系列 SLS 成型机，一跃成为继美国 3D Systems 和德国 EOS 外的世界上第三家高端 SLS 设备制造商。此外，相比另外两家 SLS 设备制造商，华曙高科的 SLS 成型设备具有开源优势，适用于新材料的研发，打破了 SLS 原材料只能由厂家提供的困局，为国内从事 SLS 技术研究提供了良好的实验平台和手段。

此外，国内高校和科研机构在 SLS 成型设备的研发上也取得了长足的进展，其代表性机构主要有华中科技大学成型与模具技术国家重点实验室、南京航空航天大学激光快速成型研究中心、北京航空航天大学、西北工业大学、中北大学等。铺粉系统、激光及加热系统是快速成型设备研发的关键，关系到成型件的最终质量。为了降低 SLS 加工成本，荆慧[44]提出了采用密集排布的电阻丝作为热源来替代激光器的设想。闫春泽等[45]通过建立数学模型对 SLS 成型辐射换热进行理论分析，提出采用圆盘形加热器，有效改善粉床的加热效果。李晓刚[46]对通过优化 SLS 成型设备的铺粉和预热系统，尝试采用单向单辊双刮板铺粉系统，铺粉效率明显提高。

虽然国内外在 SLS 加工设备的研发上取得了较大的进展，但由于该技术发展只有 30 年左右，不可避免地存在一些问题需要解决：（1）相比传统加工方式，SLS 成型技术的成型速度较慢、成型精度较低、零件的表面较粗糙，需要研发新型的 SLS 成型系统。（2）成型设备的价格昂贵。目前，金属粉体 SLS 成型设备的价格高达 400 万~800 万元/台，塑料和树脂成型设备的价格在 100 万元/台左右，这主要是该技术采用的加热器生产成本较高，较高的成本限制了SLS技术的推广和应用。(3) SLS成型过程粉量需求较大，粉体经过多次加热易发生氧化使性能劣化，这一点对于高分子材料尤为明显，因此，在降低设备的用粉量方面需要进一步研究，这不仅可以降低生产成本，还可提高该技术的市场竞争力。

1.2.4 SLS加工成型材料

材料是制约和影响SLS技术发展的重要因素之一，对制件的精度和物理机械性能起着决定性的作用，是SLS加工领域研究的热点和重点。SLS最初只能采用塑料粉和蜡粉进行加工成型，后来，德国与芬兰在20世纪90年代共同开发首款用于SLS成型的金属粉，开拓了SLS成型材料的应用新领域[47]。目前针对SLS加工材料的研发主要集中在新材料的开发[15,48,49]以及粉体制备新方法[50~54]上，试图从控制生产成本及提高生产效率两方面来提高SLS技术的市场竞争力。目前，可用于SLS加工成型的原材料主要包括金属、陶瓷、覆膜砂、聚合物及其复合材料[55]。

金属材料独特的力学性能，成为当下研究热点，广泛应用于航空航天、国防重大装备、生物医用制件等方面[56~60]。按金属的成分可分为三种类型：单一成分金属粉体、多组元混合金属粉体以及金属和有机黏结剂的混合粉体[55,61]。

由于陶瓷具有高硬度、优异的耐磨性和耐老化性能等，被广泛应用于火箭隔热层、热电偶夹套、热交换器等耐热零部件上。然而，随着技术的不断进步，要求耐热陶瓷零部件具有薄壁、深孔及内流微孔道等复杂结构，传统成型工艺在制备这些复杂结构方面存在很大难度，且制作周期长、成本较高、生产的产品有时还很难满足使用要求。SLS成型技术为复杂结构陶瓷制件的制备开辟了新途径。由于陶瓷材料的成型温度较高，而目前SLS加工设备的激光器在短时间内无法实现陶瓷粉体颗粒熔融黏结，大部分都是通过间接选择性激光烧结[62~66]。具体方法就是：将陶瓷和高分子黏结剂的混合粉体在低温下烧结成型，其中陶瓷作为固相，黏结剂作为液相，然后将烧结得到的胚体在高温下处理，除去其中的黏结剂，最终得到结构复杂的陶瓷零件。

覆膜砂是采用SLS技术加工锆砂、石英砂和热固性树脂混合粉，得到的制件可作为金属零件模具。对于复杂件制作，更多选用铸造性能较好的锆砂。采用SLS技术加工得到的砂芯精度和表面质量较高，与金属型铸造水平接近[67]。

相比于金属和陶瓷材料，聚合物基粉体材料具有成型温度低、烧结成型所需的激光能量小、表面能低、熔体黏度较高等优点，且不会出现像金属粉体烧结时出现"球化现象"，使得聚合物基粉体材料成为 SLS 加工中应用最早，也是目前应用最多、最成功的原材料[68,69]。通过 SLS 加工工艺制得的制件已被广泛应用于汽车、航空航天、医疗模型或支架、教育教学等领域。

1.2.4.1　SLS 用聚合物材料

虽然聚合物种类多种多样，但 SLS 加工要求材料具有一定的几何形状和尺寸、较宽的烧结窗口（结晶聚合物的烧结窗口为初始熔融温度和初始结晶温度的差值；非结晶聚合物的烧结窗口为黏流温度和玻璃化温度的差值）、较窄的熔融焓等，导致目前能够满足 SLS 加工要求的高分子材料较少[70~72]。由于热固性树脂不能满足在激光加热条件下熔融而彼此黏结在一起，热塑性聚合物及其复合材料是目前 SLS 加工的主要原材料，热塑性聚合物可分为晶态聚合物和非晶态聚合物两种。

晶态聚合物的 SLS 加工是在熔融温度（T_m）以上进行的，其在 T_m 以上时会表现出非常低的熔体黏度，整个烧结速率较大，成型制件的致密度可达到 95%以上，相对较高。因此，具有较高本体强度的晶态聚合物作为 SLS 成型件也具有较高的强度。然而，晶态聚合物在 SLS 加工过程中会发生结晶收缩（图 1-3），温度场控制不当可引起烧结件翘曲变形，直接影响制件的尺寸精度[74~76]。因此，为保证整个 SLS 加工过程顺利进行，需要将粉床预热到一定温度，对于半结晶聚合物，预热温度应低于其熔融温度。对于预热温度的选择原则上是在保证成型件周围支撑粉体不板结的前提下，尽量提高预热温度以保证激光能量补偿最低、烧结制件与周围支撑粉体的温度梯度最小、激光引发的粉体热膨胀最小[77]。

如果粉床的预热温度过低，烧结层的边缘将会发生卷曲，即使整个制件能够完成烧结，但最终制品也是翘曲的；相反，如果预热温度过高，烧结制件周围的粉体将会发生板结变硬，增加后续清粉过程中的难度，由于无法辨识烧结件和支撑粉体的边界，导致成型制件的精度和清晰度较差。此外，结晶聚合物的烧结窗口也是影响其加工精度的重要因素，如图 1-4 所示。结晶聚合物的烧结窗口可通过差示扫描量热法（DSC）测试得到，主要是由于 SLS 加工包括粉体材料在外界热源作用下被加热熔融，然后冷却降温固化两个阶段。如果结晶聚合物的烧结窗口较宽，意味着材料的重

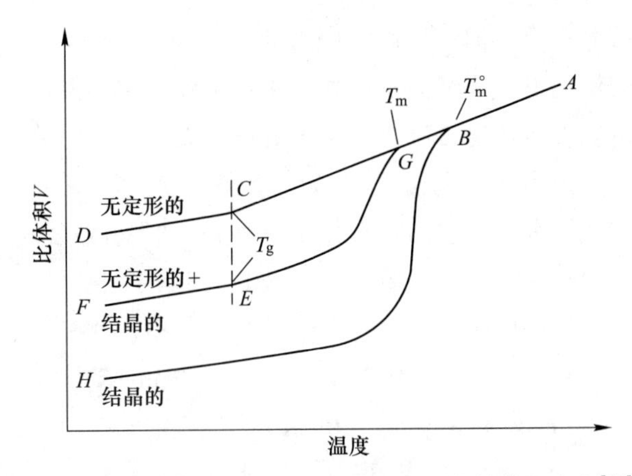

图 1-3 非晶态和结晶态聚合物随温度改变使体积改变[73]

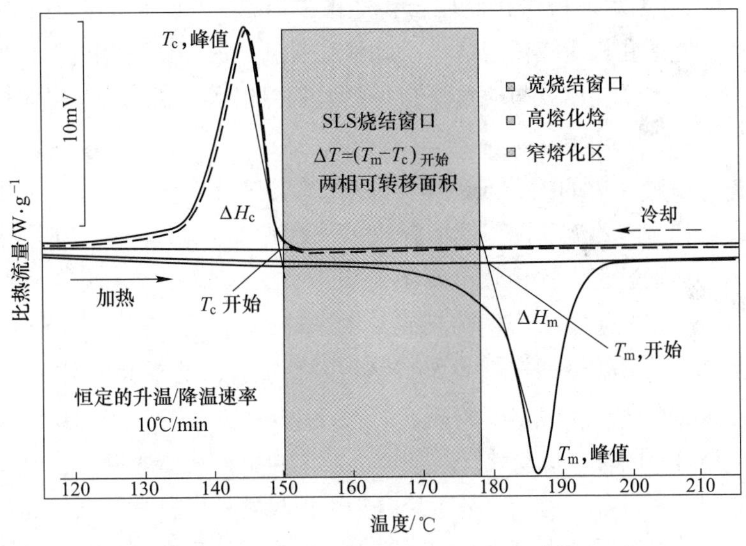

图 1-4 DSC 曲线表示 SLS 加工区域在熔化和结晶之间的“烧结窗口”[96]

结晶过程缓慢，材料在冷却过程中处于熔体状态的时间较长，可以延迟或降低制件内部因结晶而导致的应力残留，最终降低制件发生翘曲的可能性；反之，如果结晶聚合物的熔融温度和结晶温度峰过于接近或重合，材料在冷却过程中会快速结晶收缩，残余应力无法消除，最终导致成型制件翘曲变形。再者，聚合物的熔体黏度也会影响结晶聚合物材料在 SLS 加工过程中的收缩率和尺寸精度。如果材料的熔体黏度太大，在激光加热作用下，熔体流动困难导致颗粒间的黏结不完全，形成较多孔隙，虽然烧结制件的收缩率可能较小，但烧结制件的表面精度较差；如果材料的熔体黏度太低，在加热作用下，烧结区域的熔体可能会流到未烧结区域，导致未烧结区域的粉体也发生熔融，制件会出现烧结盈余现象，影响制件的尺寸精度，此外还可能因为熔体的流出导致整个烧结制件出现更大程度上的收缩。综上，结晶聚合物的卷曲变形是影响其SLS加工过程的重要因素，也是影响最终成型制件精度的主要原因。因此，SLS技术对结晶聚合物的相关要求较高。目前，可用于SLS加工的结晶聚合物主要有聚酰胺系列粉体(尼龙，Polyamide，PA)[78~83]、聚丙烯（Polypropylene，PP）[16,84,85]、聚醚醚酮(Polyether-Ether-Ketone，PEEK)[70,86~88]、聚乙烯（Polyethylene，PE)[17,89~91]、聚对苯二甲酸丁二酯（Polybutylene terephthalate，PBT)[92~94]等。其中，尼龙12是市场份额占比最高的聚合物材料，达到95%[95]。这主要是相比其他聚合物如聚醚醚酮（PEEK），PA12具有良好的加工性能和相对较低的成本。此外，通过SLS加工得到的PA12制件的拉伸强度和弹性模量与通过注塑得到的制件相当，同时其断裂伸长率没有受到破坏[92]。

非晶态聚合物的大分子链运动一般发生在玻璃化温度（T_g）附近，此时聚合物粉体的流动性降低，颗粒间开始黏结。因此，非晶态聚合物粉体在SLS加工过程中的预热温度不能高于T_g，这样可以减小成型件的翘曲变形。非晶态聚合物粉体在激光束的加热作用下，使其温度达到T_g以上，粉体颗粒熔融黏结实现整个烧结过程。值得注意的是，高于T_g温度附近时非晶态聚合物的黏度较高，而Frenkal模型的烧结颈长方程表明烧结速率和材料的黏度成反比，致使非晶态聚合物的成型速率低，成型制件的强度和密实度都远远低于晶态聚合物，但尺寸精度较高。虽然烧结件的密实度可通过提高激光能量密度来改善，但实际过程中过高的激光能量密度会使聚合物氧化降解，密实度反而下降。从另外一个角度来讲，过高的激光能量还会使材料出现烧结盈余现象，严重影响成型件的尺寸精度。因此，非晶态聚合物适用于制造对尺寸要求较高但对强度和密实度要求不高的制件。目前，在SLS加工过程中研究和使用比较广泛的非结晶聚合物主要包括聚碳酸酯（Polycarbonate，PC）[97~99]、聚甲基丙烯酸甲酯（Polymethylmethacrylate，PMMA）[100~102]、聚苯乙烯（Polystyrene，PS）[103~106]、热塑性聚氨酯（Thermoplastic Polyurethane，TPU）[107,108]等。

1.2.4.2 聚合物复合材料在 SLS 加工中的研究进展

由于 SLS 加工对材料的要求较高，新型高分子材料的开发难度较大，通过将现有的高分子材料按照物理或化学的方法制成二元或多元高分子的复合体系，逐渐成为当前高分子材料开发的主要途径之一[109]，而且高分子共混可克服单一高分子材料性能不足的缺点。在开发 SLS 用聚合物共混材料方面，Salmoria 等[77,90,110,111]研究了 SLS 加工用不同聚合物共混材料如 PA12/PA6、PA12/HDPE、PA12/PBT 等，考察了混合比例和加工参数对 SLS 成型件性能的影响。对于 PA12/PA6 体系，共混材料中出现了多相不均匀结构，形成了双连续或海岛结构。同样在 PA12/HDPE 和 PA12/PBT 体系中也发现了类似的微观结构。此外，制件内部的孔隙率和微观结构受熔体流动指数和流变特性的影响。在优化的混合比例和加工条件下，SLS 加工制件的物理机械性能得到明显提升，认为聚合物共混材料在 SLS 新材料开发方面具有很大的潜力。不同于传统的加工方式，SLS 加工需要将聚合物粉体预热到一定温度，然后采用激光选择性地对部分区域进行加热融化黏结。然而由于高分子共混材料属于液相烧结，不同聚合物的熔点是不同的，体系的预热温度取决于熔点较低的聚合物，而对于高熔点聚合物的熔融能量主要来源于激光器补偿。这就存在一个问题，如果聚合物彼此的熔点相差较大，按照目前高分子材料加工的商用激光器的功率可能无法使高熔点聚合物融化，造成聚合物相之间的结合力较差，影响烧结制件的最终性能。因此，聚合物混合材料在 SLS 加工过程中还存在一定的难度和障碍，无法像传统加工那样得到内部结构良好的制件。即使如此，聚合物共混材料的提出还是在一定程度上为 SLS 新材料的研发提供了一种思路和途径。

另一方面，通过向聚合物中加入微米或纳米级填料可有效改善材料的结构和功能属性，由于制备方法简单，成为目前 SLS 领域开发新材料的重要手段之一。目前，很多类型的填料如碳系填料（炭黑[112~114]、碳纳米管[107,115~118]、碳纤维[119~121]、石墨片[122,123]、石墨烯[124,125]等）、二氧化硅[126,127]、玻璃微珠[128]、碳化硅[129]、羟基磷灰石[130,131]、铝粉[132]、氧化铝[133]、黏土[134]、石灰石[135]、木粉[136]等用来增强聚合物的力学性能、导电性能、导热性能、阻燃性能、生物可降解性能以及生物活性等，从而实现 SLS 成型制件的高性能化、功能化。

众多科研机构和公司投入大量的精力致力于 SLS 用原材料的研发，取得了一定的进展，有效推动了 SLS 技术的发展和进步。3D System 公司、EOS 公司以及 CPR 公司是目前三家在 SLS 商用料方面处于世界领先水平的原料供应商，具有较强的研发实力。表 1-1~表 1-3 分别为 3D System 公司、EOS 公司以及 CPR 公司公布的 SLS 成型材料和相关性能指标。从表中可以看出，三家公司的 SLS 商用原料主要基于尼龙，通过添加填料，开发出一系列性能不同、适合不同用途的粉体材料。

表 1-1 3D System 公司 SLS 商用料的属性

材料型号	材料类型	拉伸强度/MPa	弹性模量/MPa	主要特点	用途
Dura Form GF	玻璃微珠/尼龙粉	38.1	5910	热和化学稳定性佳	塑料功能件
Dura Form AF	添加铝粉的尼龙粉	35	3960	硬度和尺寸稳定性较高	塑料功能件
Dura Form EX	—	48	1517	硬度和冲击强度较高	塑料功能件
Dura Form Flex	—	1.8	7.4	抗撕裂性能优	塑料功能件
Dura Form SHT	尼龙复合材料	51	5725	耐温性、力学各向异性	塑料功能件
Sand Form Zr	覆膜锆砂	2.1	—	价格低	铸造型壳和型芯
Laser Form A6	覆膜 A6 钢和碳化钨粉	610	138000	性能接近工具钢	金属模具

表 1-2 EOS 公司 SLS 商用料的属性

材料型号	材料类型	拉伸强度/MPa	弹性模量/MPa	主要特点	用途
CarbonMide	碳纤维/尼龙复合粉	—	—	硬度和强度高	塑料功能件
PA3200GF	玻璃微珠/尼龙复合粉	48	3200	热和化学稳定性	塑料功能件
Quartz 4.2/5.7	酚醛树脂覆膜砂	—	—	价格低	铸造型壳和型芯
Alumide	加铝粉的尼龙粉	45	3600	刚性好	金属模具和零件

表 1-3 CPR 公司 SLS 商用料的属性

材料型号	材料类型	拉伸强度/MPa	弹性模量/MPa	主要特点	用途
WindFormXT	尼龙/碳纤维复合粉	77.85	7320	高硬度、强度、抗撕裂性	塑料功能件
WindFormXT	尼龙粉	49	1357	高韧性	塑料功能件
WindFormGF	玻璃微珠/尼龙复合粉	47	4412	热化学稳定性	塑料功能件
WindFormPro	铝粉/玻珠/尼龙复合粉	53	53	高硬度和热形变温度	塑料功能件

1.2.5 SLS 用聚合物及其复合材料粉体的制备

粉体的制备方法是制约 SLS 技术发展的另一个关键环节，直接影响材料的外观质量和最终性能。SLS 技术对粉体的粒径、粒径分布和几何形状有一定的要求，它们影响 SLS 加工过程中的堆积密度和流动特性。一般情况下，SLS 加工粉体的粒径要控制在 10~150μm[137]，这是由于当粉体颗粒的粒径小于 10μm 时，颗粒间静电作用太大，导致粉体流动性差，阻碍正常的铺粉；另一方面，目前商用 SLS 设备的单层铺粉厚度为 100~200μm，粉体颗粒的最大粒径不能超过单层铺粉厚度，否则制件的表面将会很粗糙，如图 1-5 所示。图 1-5（a）为 150~200μm 的 PLA 粉体的 SLS 加工制品，图 1-5（b）为 425~600μm 的 HDPE 粉体的 SLS 加工制品，明显后者的表面粗糙度要大于前者。此外，粉体颗粒的几何形状越接近球形，粉体的流动性和堆积密度就越好，成型件的表观质量也就越好。而粉体的粒径和几何形状主要取决于其制备方法，包括机械粉碎法、溶剂法、相分离法。

1.2.5.1 机械粉碎法

机械粉碎法是重要的聚合物粉体制备方法，主要包括深冷粉碎[107]、高能球磨粉碎[138]、固相剪切碾磨[139,140]等。深冷粉碎法是利用液氮将聚合物冷却到脆化温度以下，颗粒与颗粒、粉碎腔以及叶轮之间会发生剧烈撞击，从而达到物料细化的目的，一般可使聚合物材料达到微米级。高能球磨粉碎按照运动方式主要分为高能旋转式球磨和高能振动式球磨，两

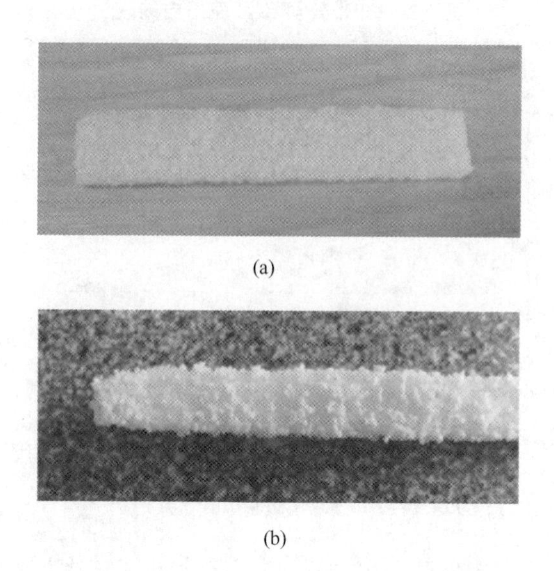

(a)

(b)

图 1-5　大粒径制成 PLA（a）和 HDPE（b）制品[2]
（分别为 150～200μm 和 425～600μm）

种方式具有不同的动能，球磨过程中粉体-球、粉体-粉体的碰撞频率和速率也不同，致使粉碎效率存在较大差异。固相剪切碾磨装备是四川大学高分子材料工程国家重点实验室运用力化学原理设计制造的，可用于聚合物和填料的粉碎、混合和力化学反应，该装备具有独特的三维剪结构，可在常温条件下实现黏弹性高分子的粉碎细化，该设备还能实现无机粒子在聚合物中的良好分散以及力化学反应等，目前该设备在聚合物的粉碎和力化学反应方面取得了一系列重要的原创性成果[140~146]。相比另外两种粉碎方式，固相剪切碾磨法可在常温条件下实现聚合物颗粒的超细粉碎及与无机粒子的复合，粉体颗粒粒径可达微米甚至纳米级，且碾磨过程不需要消耗液氮，环保高效，在规模化制备单一聚合物和聚合物基复合材料超细粉体方面具有明显的优势。

以上方法得到的粉体的一个共同特点是颗粒几何形状不规则。

1.2.5.2　溶剂法

溶剂法是目前制备 SLS 粉体最常用的一种方法，按工艺条件主要分为溶剂沉淀法、乳化溶剂挥发法和喷雾干燥法三种，其主要原理是热诱导相分离，如图1-6所示，可见聚合物在溶剂中的溶解与其自身浓度和体系温度有关。首先将聚合物粒料在一定条件下溶解到适宜的溶剂中，然后向体系中加入反向溶剂或降温等操作，让高分子以粉体的形态析出，得到球形度良好且粒径在数十微米的粉体材料。

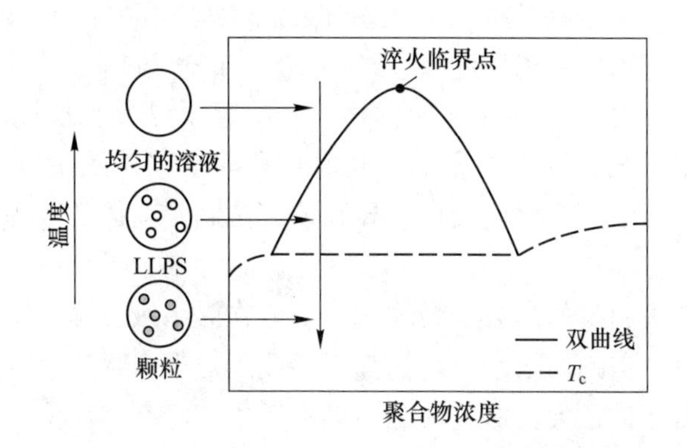

图 1-6 通过热诱导相分离制备微球示意图[147]

溶剂沉淀法是目前制备 SLS 商用高分子类粉体最常用的方法，该法制备的粉体颗粒基本接近球形，粒径分布较均匀。其工艺流程是：将聚合物在高温或高压条件下溶解在适宜的溶剂中，然后通过加入反向溶剂或降低体系温度等手段使聚合物在高速搅拌条件下以粉体形式分离出来。华中科技大学的史玉升利用该方法制备了一系列适用于 SLS 加工的聚合物或聚合物基复合材料粉体[16,119,148~150]，部分材料已商业化，其工艺过程主要是通过改变体系温度实现聚合物类球形粉体的制备。Wang 等[71]将 PA12 溶解到甲酸中，以聚乙烯吡咯烷酮为分散剂，不断加入第二种非溶剂乙醇在搅拌作用下使 PA12 逐渐析出，通过调控乙醇的含量和体系温度得到平均粒径在十到上百微米范围内的 PA12 微球，该方法得到的 PA12 粉体相比 EOS 公司的 PA2200 粉体具有更宽的烧结窗口。

乳化溶剂挥发法是先将聚合物溶解到有机溶剂中，然后将高分子溶液在水相中乳化成小液滴，有机溶剂首先扩散进入水相，紧接着挥发进入空气相，随着有机溶剂的挥发，乳滴开始变硬成球，再经过滤、离心、干燥即可得到微球。该方法多数用于制备 PLA、PLGA 和 PCL 微球，在生物医用材料方面有较多研究。Du 等[151]采用乳化溶剂挥发法制备了 PCL 和 PCL/HA 微球，并结合 SLS 技术设计制造了多孔支架，该支架不仅可以促进细胞黏附和体外诱导细胞分化，而且还表现出优异的组织相容性，诱导体内新组织如血管的形成。

喷雾干燥法是将溶解在溶剂中的聚合物溶液通过高速喷嘴喷射出来，形成无数的小液滴，小液滴单元在加热干燥条件下形成球形的粉体颗粒[152]。Wahab 等[153]将尼龙 6（PA6）溶解到甲酸中，然后将纳米级钇稳定的氧化锆和烷芳基铵锂蒙脱石分散到 PA6 溶液中，采用喷雾干燥法制备了内部结构均匀、球形度高、粒径 10~40μm 的复合材料微球，该粉体具有良好的 SLS 加工性能。同样地，Mys 等[104,154]也试图采用喷雾干燥法制备适用于 SLS 加工的聚砜（PSU）和间规聚苯乙烯（sPS），但由于聚合物在溶剂中的溶解度较低，导致该方法制备粉体的效率较低，且粒径相对较小。

虽然溶剂法制备的高分子粉体粒径一般在微米级，球形度较高，但这些方法都存在一定的局限性，它们都需要找到对聚合物适合的溶剂和溶解条件，溶剂消耗量较大，造成环境污染。其中，溶剂沉淀法仅适用于结晶类聚合物，乳化溶剂挥发法的适用范围较少，局限于聚己内酯和聚乳酸等微球的制备，喷雾干燥法由于聚合物在溶剂中的溶解度较低，导致所制备的粉体的粒径和规模都在很大程度上难以满足 SLS 加工需求。

1.2.5.3 相分离法

两相不相容的聚合物按照一定的质量比，在熔融或聚合的过程中，由于自身的表面张力会形成分散均匀的海岛结构，通过控制两相比例，可以有效调控聚合物微球的尺寸和形貌。Pei 等[155]采用 PA6 和 PS 在原位聚合过程中发生相分离制备了粒径在 7~80μm 范围内的 PA6 微球。与传统的相分离方法不同，该方法中当 PS 在很低的含量下（15%，质量分数）即可发生相分离，并且通过改变体系中 PS 的含量可有效调控 PA6 微球粒径。Cai 等[156]研究了通过 PS 和 PA6 的熔融挤出，并将 PS 刻蚀，制备了粒径均匀，表面光滑的 PA6 微球。

综上所述，目前 SLS 加工用聚合物复合粉体的制备方法相对较少，且现存的制备方法存在一定的局限性。因此，开发粉体制备的新方法成为目前的迫切任务。

1.3 压电材料

1.3.1 压电材料简介

法国的物理学家 J. Curie 和 P. Curie[157]早在 1880 年研究材料晶体对

称性和热效应时首次发现了压电效应，他们对石英晶体施加应力时会在其上下表面产生异种电荷，且电荷量与所施加的应力成正比。随后 Lippmann 利用能量守恒和电量守恒定律从理论上预测了逆压电效应。1881 年，J. Curie 和 P. Curie 通过实验成功观察到了材料的逆压电效应，同时测量了石英晶体的压电系数[158]。这类能够产生压电效应的材料称为压电材料。压电效应（图 1-7）是材料在外力作用下变形引发晶体内部晶胞也产生形变，正负离子的电荷中心会因变形不再重合，致使晶体发生宏观极化产生异种电荷；反之，压电材料在外加电场中会由于正负电荷中心的位移发生宏观变形，即逆压电效应。目前，在 32 种晶体学点群中，只有 20 种可能具有压电效应。这类具有压电效应的晶体主要包括两种类型：一类是晶体自身不发生极化，只有在外力诱导作用下才能极化产生压电效应，如石英晶体和纤锌矿结构晶体等；另一类是晶体自身即可发生极化，在外力作用下自发极化发生改变显示压电性，这类材料又被称为铁电体，如钙钛矿结构晶体等[159]。

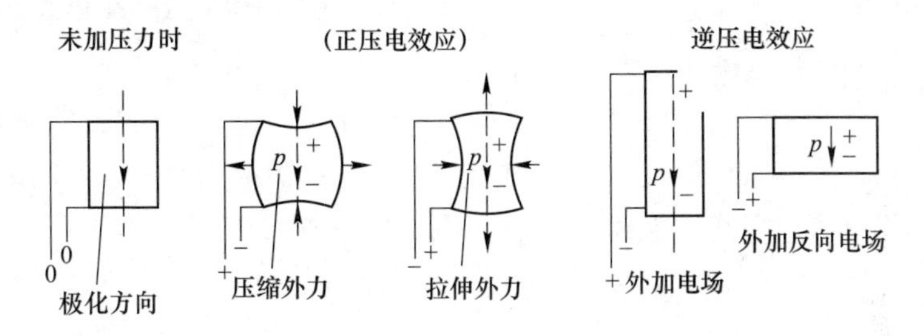

图 1-7 压电效应[160]

经过上百年的发展，压电材料的种类已由最初的压电晶体[161,162]发展至压电陶瓷[163~165]，进而发展至压电聚合物及聚合物/压电陶瓷复合材料[166~168]。虽然压电陶瓷具有较高的机电耦合性能（$K_t=0.4\sim0.5$），较大的介电常数（$\varepsilon_r=100\sim2400$）以及较低的介电损耗，但是其声阻抗较高、密度和脆性大、成型困难，难以加工成形状复杂且抗冲击性能良好的压电器件，其应用范围受到很大限制。而压电聚合物是近 40 年发展起来的一种压电材料，由于良好的柔性和成型性能，密度低且压电压常数高，受到人们的广泛关注，其中聚偏氟乙烯（PVDF）最受人们青睐。然而与陶瓷材料相比，压电聚合物具有较小的压电和机电耦合因子，较高的介电损耗，在高温条件下的抗老化性能差。因此，压电陶瓷和聚合物存在各自的优缺点，单独使用限制了其应用范围。自从 1972 年日本的北山中村制备了 PVDF/$BaTiO_3$复合材料，开启了压电复合材料的历史。美国宾州州立大学材料实验室的 Newnham[169] 于 1978 年首次提出了压电陶瓷/聚合物复合材料的概念，使其在接下来的一段时间内得到了广泛关注和高速发展。压电复合材料具有压电陶瓷和聚合物两者的优点，赋予材料良好的柔性和加工性能，在电子、传感、变压、水声换能器、超声、俘能等领域得到广泛应用。

1.3.2 聚合物/陶瓷压电复合材料

1.3.2.1 聚合物/陶瓷压电复合材料分类

聚合物/陶瓷压电复合材料是两相按照一定的连通方式，体积比以空间几何分布复合而成的一类新型功能材料。压电复合材料具有优良的可设计性和综合性能引起了全世界范围内的关注，其中美国、日本和澳大利亚等发达国家关于压电复合材料的研究处于全球领先水平。而我国关于压电复合材料的研究起步于 20 世纪 80 年代中期，相对较晚，但在该领域也取得了一系列的重要成果[170]。

压电复合材料的性能除了与材料自身的性能有关外，还与复合材料的内部结构有关。压电复合材料的内部结构不仅仅指两相或多相之间的结合作用，还包括相之间的连通方式。压电材料最初按照连通方式主要有 10 种基本类型，随后又发展了更多的连通类型，图 1-8 给出了压电复合材料部分连通类型如 0-3、2-2、2-3、3-3 型等，通常第一个和第二个数字分别表示压电陶瓷和聚合物的连通维数，一般情况下将其功能效应的相的维数放在前面[171]。其中 0-3 型压电复合材料是一种最简单的连通方式，陶瓷颗粒以弥散的方式均匀分布在聚合物基体中，即陶瓷颗粒以零维方式自连，聚合物以三维方式相连。相比其他类型的压电复合材料，0-3 压电复合材料不受陶瓷几何形状的限制，可设计不同类型制件，此外，该材料的生产成本相对较低。因此，0-3 压电复合材料受到研究人员的广泛关注和青睐，近年来获得了较大的进展。

1.3.2.2 0-3 型聚合物/陶瓷压电复合材料

目前，0-3 型压电复合材料中的无机陶瓷填料主要有铅基压电陶瓷和无铅压电陶瓷，由于含铅陶瓷有一定毒性，容易造成环境污染，无铅压电陶瓷的研发成为重点发展方向[172~175]。在现存的众多无铅压电陶瓷中，

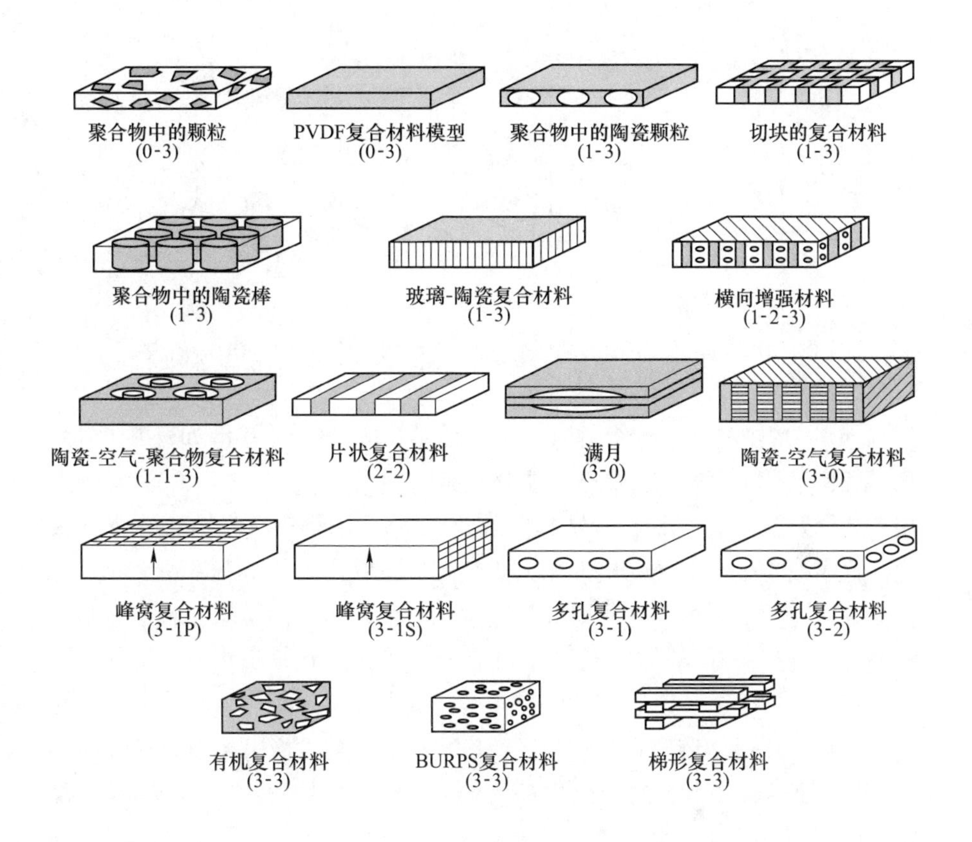

图 1-8 各种压电陶瓷/聚合物复合材料的示意图[171]

钛酸钡（$BaTiO_3$）是一种最常用的无铅钙钛矿压电陶瓷，其结构如图 1-9 所示。钛酸钡具有立方和四方晶相，图 1-9（a）为钛酸钡的四方结构，钛原子占据氧八面体的中心，空间点群为 Pm-$3m$，四方钛酸钡中的铁电性产生的原因是钛在其晶胞的中心对称位置沿 c 轴发生相对位移，产生了永久电偶极子；图 1-9（b）为钛酸钡的立方晶相，空间点群为 $P4mm$，立方晶相中的晶胞单元被沿 c 轴拉伸，导致晶胞单元的 c/a 比值出现偏离，从而显示铁电性。钛酸钡具有多个居里点和复杂的相转变行为，晶体结构不仅与温度相关，还与粉体粒径尺寸相关。正是由于钛酸钡优异的电学性能及其环境友好的特点，是被研究最多最深入的一种压电陶瓷材料[176]，也是制备压电复合材料最常用的压电陶瓷相之一。

0-3 型压电复合材料中常用的高分子主要是具有压电性能的聚偏二氟

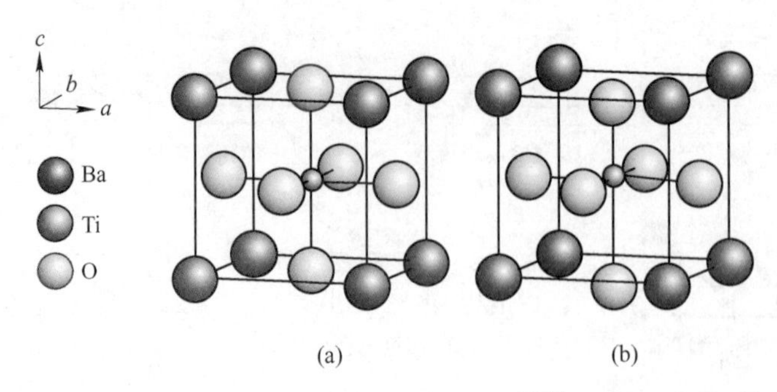

图 1-9 立方 *Pm*−3*m* 结构(a)和四方 *P*4*mm* 结构[176](b)的 $BaTiO_3$ 晶胞[176]

乙烯（PVDF）及其共聚物和 PA11，也有其他高分子基体如环氧树脂、聚乙烯醇、聚氨酯、有机硅类高分子等作为压电复合材料的黏结剂使用[177]。聚偏二氟乙烯是最早被发现的一种压电聚合物，其发展相对成熟。为了改善 PVDF 的压电性能，研究人员还设计制备了一系列 PVDF 的共聚物。奇数尼龙是另一类研究较多的压电聚合物，其压电性质与晶体结构相关，这种结晶结构基于氢键作用使高分子链层状累积，奇数尼龙主要有 PA11 和 PA7，偶数尼龙就没压电性能[178]。Scheinbeim 等[179]不仅测量了 PA11 和 PA7 薄膜在熔点附近的压电应力常数、应力场数和机电耦合系数，还研究了 PA11 的极化机理。PA11 具有多种晶体类型，其压电和铁电性质随热处理发生改变，因此，不同的热塑加工过程会得到不同的结构和性能。PA11 分子链中的烷烃链较长，酰胺基团密度较低，使其兼具有 PA66 和聚烯烃的一些性质，具有良好的物理化学性质、较小的吸水性、优异的尺寸稳定性和耐挠曲疲劳性等。此外，PA11 优异的压电性能使其在自动化领域以及电子行业拥有广泛的应用，关于 PA11/无机陶瓷作为压电材料的研究也有报道[180~183]。

目前关于压电复合材料的研究主要集中在如何提高其压电性能，为制备高性能压电器件如高灵敏度传感器、高效制件以及换能器等提供材料支撑。Capsal 等[180]研究了钛酸钡含量及粒径大小对 PA11/$BaTiO_3$压电复合材料性能的影响，发现材料的压电性能随钛酸钡含量的提高而明显上升，当钛酸钡颗粒尺寸小于 300nm 时，材料的压电性能明显降低，主要归因于钛酸钡粒径小于 300nm 时其内部的四方晶相含量降低。随后，他们[181]又研究了陶瓷相的几何形状对 PA11/$NaNbO_3$压电复合材料的影响，并与 PA11/$BaTiO_3$压电复合材料进行对比，结果表明复合材料中 $NaNbO_3$

纳米线的体积含量为30%（体积分数）时的压电常数 d_{33} 是同样体积含量钛酸钡的两倍，值得注意的是钛酸钡陶瓷的压电常数为110pC/N，而 $NaNbO_3$ 的压电常数只有50pC/N，说明纤维状的压电陶瓷更有利于提高材料的压电性能。同样地，Kakimoto等[184]将纤维状 $BaTiO_3$ 分散到PVDF基体中制备了高柔性压电复合材料，当 $BaTiO_3$ 纤维含量为30%（质量分数）时，复合材料的压电系数比纯PVDF提高了26%。因此，复合材料的压电性能可以通过优化材料组成，如改变陶瓷含量、粒径尺寸以及几何形状等。陶瓷颗粒在聚合物基体中的分散性和界面相容性同样也会影响复合材料的压电性能。Baji等[185]通过两步电纺法制备了PVDF/$BaTiO_3$ 压电复合纤维材料，考察了钛酸钡的含量和分散状态对高分子压电复合材料性能的影响。为改善PZT粒子在PU基体中的分散性，Zhang等[186]采用原位聚合共混法制备了压电复合材料，研究表明该材料不仅具有优异的力学性能和压电性能，还有良好的吸声效果，在治理噪声污染方面极具潜力。Kim等[187]将丙烯酸酯改性的钛酸钡加入聚乙二醇二丙烯酸酯中，通过光辐照制备了压电复合材料，结果表明陶瓷颗粒与聚合物之间良好的界面结合作用有效改善其力电转换，从而提高压电性能。Chinya等[188]采用聚乙二醇6000包覆锌铁氧体（Zinc Ferrite），这种包覆结构有效促进了陶瓷颗粒在PVDF中的分散，此外，界面作用的提高有效改善了材料的储能性能和电压输出性能。除了以上两种改善复合材料的压电性能外，还可通过向聚合物/陶瓷压电复合材料中引入第三导电相[189~191]增加体系的导电性能，进而改善其压电性能。其主要原理是在材料内部形成更多导电路径，增大陶瓷相在极化过程中的有效电压，使压电陶瓷的电畴更加有序化。

1.3.3 0-3型聚合物/陶瓷压电复合材料面临的挑战

目前，用于0-3型压电复合材料的制备方法主要有热轧法和溶液法[192~195]。热轧法首先是将聚合物加热到熔点以上，然后将压电陶瓷颗粒加入到聚合物熔体中混合，轧制成具有一定厚度的复合材料；溶液法是将聚合物粒料溶解到适宜的溶剂中，然后将压电陶瓷颗粒加入到溶液中，在超声、搅拌的作用下使颗粒均匀分散，紧接着将混合溶液通过溶液流延方法形成所需的复合材料，最后再使用热压法获得所需厚度的复合材料。从前文可知，压电复合材料中的陶瓷相在聚合物中的分散效果以及两相界面作用是影响其性能的关键因素。传统的热轧法虽然工艺流程简单，但在制备内部结构均匀的复合材料时存在一定难度；而溶液法可以得到分散效果较好的压电复合材料，但需要消耗溶剂，对环境造成污染[196~198]。因此，以上两种方法在制备压电复合材料方面都存在一定的缺点，急需开发一种环保高效节能的压电复合材料的制备方法。另外，传统的加工工艺难以对压电复合材料的结构进行设计优化，特别在制造几何形状复杂的压电器件方面存在很大困难，限制了压电器件在高新技术上的更广泛应用。因此，开发压电复合材料的制备新方法，从宏观和微观结构上对制件性能进行调控是急需解决的问题。

1.4 本书研究意义、主要内容和创新点

1.4.1 研究意义

SLS 加工是目前发展相对成熟的一种 3D 打印技术，该技术基于粉体低维构建，层层叠加，自由界面成型，无需模具，能够制造传统加工方法无法得到的任意复杂形状的制件，可实现产品的灵活设计和定制化生产，被广泛应用于航空航天、国防重大装备、医疗器械以及汽车等高新技术领域。然而，目前可用于 SLS 加工的聚合物原料种类少，价格昂贵且缺乏功能性，很大程度上限制了该技术的应用和推广。此外，SLS 用聚合物基复合粉体的制备主要基于机械共混、深冷粉碎和溶剂沉淀等方法，存在无机粒子在聚合物基体中分散不均匀和界面结合作用差，或消耗有机溶剂，对环境造成污染等问题。因此，开发适用于 SLS 加工的新型聚合物基功能复合粉体，并探索规模化制备内部结构均匀、几何形状规则、性能良好的复合粉体的方法成为 SLS 技术的关键。另外，压电复合材料在制备方法上存在无法兼顾环境友好和材料内部结构均匀的缺点，此外，这些方法不能对压电器件的结构进行优化，特别是对于要求外观形状复杂的制件的制造存在很大困难。针对上述关键难题，开发可规模化制备适用于 SLS 加工的聚合物基压电复合材料粉体的方法，并通过 SLS 技术对压电器件的结构和性能进行优化，最终得到性能优异的压电器件，具有重要的理论和实际意义。

PA11 是少数具有压电性能的高分子材料，也是在 SLS 加工中应用最成功的高分子材料之一，具有良好的加工性能和力学性能。钛酸钡（$BaTiO_3$）作为一种无铅压电陶瓷，具有良好的介电和压电性能，是受研究人员青睐的一种压电材料。本书以 PA11/$BaTiO_3$压电复合材料为研究体

系，通过本课题组的专利技术——固相剪切碾磨技术在常温下实现尼龙11和钛酸钡的微/纳米复合，实现微/纳米填料在聚合物中的良好分散；采用多功能粉体流动仪、积分球以及单层烧结等方法定量描述了粉体的几何特征对粉体流动和堆积特性以及激光吸收性能的影响，为SLS新材料开发提供理论依据；利用自主发明的球形化新方法对复合粉体进行球化处理，改善复合粉体在SLS加工过程中的流动和堆积特性，为规模化制备适用于SLS加工的功能球形复合粉体提供新技术和新方法；建立了SLS加工调控压电器件的微孔结构，为制备结构可灵活设计且性能优异的压电器件提供理论支撑和实验基础。

1.4.2 主要研究内容

本书主要研究内容如下：

（1）通过动态颗粒图像粒度粒形测量装置、多功能粉体流动仪（FT4）以及单层烧结等方法定量描述了不同条件下获得的粉体颗粒的几何特征参数，详细阐述粉体颗粒的几何特征与粉体堆积和流动特性之间的关系，揭示粉体颗粒几何特征与激光间的相互作用关系。

（2）通过固相剪切碾磨技术在常温条件下规模化制备PA11/$BaTiO_3$压电复合粉体，建立复合粉体球形化新技术，系统研究球形化工艺参数，如固含量、温度和时间对球形化效果的影响，对比分析球形化前后复合粉体表面结构及微观形态的变化。深入研究复合粉体在球形化前后的流动和堆积特性，通过SLS加工制备了形状复杂的PA11/$BaTiO_3$压电功能制件，深入研究了压电功能制件的尺寸精度、介电性能和压电性能等。

（3）通过调控SLS加工的工艺参数和优化压电器件的宏观结构设计改善PA11/$BaTiO_3$压电复合材料的力电转换效率，为制备结构合理、形状复杂且性能优异的压电器件提供新思路和新方法。考察加工参数对开路电压和短路电流的影响，研究制件微观和宏观空隙率对电学信号输出的影响机理，探讨了SLS加工制备的压电器件的可应用性。

1.4.3 本书创新点

本书有以下创新点：

（1）定量描述了粉体颗粒几何特征与粉体流动性、堆积特性和激光间的作用关系，为SLS加工原材料的选择提供理论支撑和实验依据。

（2）通过固相剪切碾磨规模化制备了PA11/$BaTiO_3$压电复合粉体，

建立了复合粉体球形化新技术，有效解决 SLS 原料种类少、缺乏功能的难题。

（3）首次实现了 PA11/$BaTiO_3$压电粉体的 SLS 加工，制备了传统加工方法难以制备的形状复杂的 PA11/$BaTiO_3$压电功能制件，具有良好的尺寸精度、介电性能和压电性能。

（4）设计了具有宏观复杂多孔结构的压电器件，建立了 SLS 加工调控压电器件微孔结构，提高力电转化效率的新技术，系统研究了压电器件的微观和宏观结构对力电转换效率的影响及机理。

参考文献

[1] Lee J Y，An J，Chua C K. Fundamentals and applications of 3D printing for novel materials [J].Applied Materials Today，2017，7：120~133.

[2] Goodridge R D，Tuck C J，Hague R J M. Laser sintering of polyamides and other polymers [J].Progress in Materials Science，2012，57（2）：229~267.

[3] Mohamed O A，Masood S H，Bhowmik J L. Optimization of fused deposition modeling process parameters：a review of current research and future prospects [J]. Advances in Manufacturing，2015，3（1）：42~53.

[4] Zhou C，Chen Y，Yang Z，et al. Digital material fabrication using mask-image-projection-based stereolithography [J]. Rapid Prototyping Journal，2013.

[5] Parandoush P，Lin D. A review on additive manufacturing of polymer-fiber composites [J].Composite Structures，2017，182：36~53.

[6] Lind J U，Busbee T A，Valentine A D，et al. Instrumented cardiac microphysiological devices via multimaterial three-dimensional printing [J]. Nature materials，2017，16（3）：303~308.

[7] Panesar A，Ashcroft I，Brackett D，et al. Design framework for multifunctional additive manufacturing：coupled optimization strategy for structures with embedded functional systems [J].Additive Manufacturing，2017，16：98~106.

[8] Cormier D，Harrysson O. Mass Customization Via Rapid Manufacturing [C]//IIE Annual Conference. Proceedings. Institute of Industrial and Systems Engineers（IISE），2002：1.

[9] Bandyopadhyay A，Bose S，Das S. 3D printing of biomaterials [J]. MRS bulletin，2015，40（2）：108~115.

[10] Zarek M，Layani M，Cooperstein I，et al. 3D printing of shape memory polymers for flexible electronic devices [J]. Advanced Materials，2016，28（22）：4449~4454.

[11] Yao X，Lin Y. Emerging manufacturing paradigm shifts for the incoming industrial rev-

olution [J]. The International Journal of Advanced Manufacturing Technology, 2016, 85(5): 1665~1676.

[12] Quinlan H E, Hasan T, Jaddou J, et al. Industrial and consumer uses of additive manufacturing: a discussion of capabilities, trajectories, and challenges [J]. Journal of Industrial Ecology, 2017.

[13] Baily M N, Manyika J, Gupta S. US productivity growth: An optimistic perspective [J].International Productivity Monitor, 2013 (25): 3.

[14] Song C, Huang A, Yang Y, et al. Effect of energy input on the UHMWPE fabricating process by selective laser sintering [J]. Rapid Prototyping Journal, 2017.

[15] Wang Y, Rouholamin D, Davies R, et al. Powder characteristics, microstructure and properties of graphite platelet reinforced Poly Ether Ether Ketone composites in High Temperature Laser Sintering (HT-LS) [J]. Materials & Design, 2015, 88: 1310~1320.

[16] Zhu W, Yan C, Shi Y, et al. Investigation into mechanical and microstructural properties of polypropylene manufactured by selective laser sintering in comparison with injection molding counterparts [J]. Materials & Design, 2015, 82: 37~45.

[17] Bai J, Zhang B, Song J, et al. The effect of processing conditions on the mechanical properties of polyethylene produced by selective laser sintering [J]. Polymer Testing, 2016, 52: 89~93.

[18] Salmoria G V, Paggi R A, Beal V E. Graded composites of polyamide/carbon nanotubes prepared by laser sintering [J]. Lasers in Manufacturing and Materials Processing, 2017, 4 (1): 36~44.

[19] Bai J, Goodridge R D, Hague R J M, et al. Processing and characterization of a polylactic acid/nanoclay composite for laser sintering [J]. Polymer Composites, 2017, 38 (11): 2570~2576.

[20] Jansson A, Pejryd L. Characterisation of carbon fibre-reinforced polyamide manufactured by selective laser sintering [J]. Additive Manufacturing, 2016, 9: 7~13.

[21] Anton S R, Sodano H A. A review of power harvesting using piezoelectric materials (2003~2006) [J]. Smart materials and Structures, 2007, 16 (3): R1.

[22] Mahanty B, Ghosh S K, Garain S, et al. An effective flexible wireless energy harvester/sensor based on porous electret piezoelectric polymer [J]. Materials Chemistry and Physics, 2017, 186: 327~332.

[23] Deckard C R, Beaman J J. Process and control issues in selective laser sintering [J]. ASME Prod Eng Div (Publication) PED, 1988, 33 (33): 191~197.

[24] Deckard C R. Method and apparatus for producing parts by selective sintering: U. S. Patent 4, 863, 538 [P]. 1989-9-5.

[25] Hopkinson N, Dickens P. Analysis of rapid manufacturing—using layer manufacturing processes for production [J]. Proceedings of the Institution of Mechanical Engineers, Part C: Journal of Mechanical Engineering Science, 2003, 217 (1): 31~39.

[26] Ruffo M, Tuck C, Hague R. Cost estimation for rapid manufacturing-laser sintering production for low to medium volumes [J]. Proceedings of the Institution of Mechanical Engineers, Part B: Journal of Engineering Manufacture, 2006, 220 (9): 1417~1427.

[27] Levy G N, Schindel R, Kruth J P. Rapid manufacturing and rapid tooling with layer manufacturing (LM) technologies, state of the art and future perspectives [J]. CIRP annals, 2003, 52 (2): 589~609.

[28] Kruth J P, Levy G, Klocke F, et al. Consolidation phenomena in laser and powder-bed based layered manufacturing [J]. CIRP annals, 2007, 56 (2): 730~759.

[29] Kruth J P, Mercelis P, Van Vaerenbergh J, et al. Binding mechanisms in selective laser sintering and selective laser melting [J]. Rapid prototyping journal, 2005.

[30] Van Der Schueren. Basic contributions to the development of the selective metal powder sintering process [D]. University of Leuven, 1996.

[31] Siepmann J, Siepmann F. Modeling of diffusion controlled drug delivery [J]. Journal of controlled release, 2012, 161 (2): 351~362.

[32] La Saponara V. Environmental and chemical degradation of carbon/epoxy and structural adhesive for aerospace applications: Fickian and anomalous diffusion, Arrhenius kinetics [J].Composite Structures, 2011, 93 (9): 2180~2195.

[33] Mondiot F, Loudet J C, Mondain-Monval O, et al. Stokes-Einstein diffusion of colloids in nematics [J]. Physical Review E, 2012, 86 (1): 010401.

[34] Frenkel J J. Viscous flow of crystalline bodies under the action of surface tension [J]. J. phys. , 1945, 9: 385.

[35] German R M. Supersolidus liquid-phase sintering of prealloyed powders [J]. Metallurgical and Materials transactions A, 1997, 28 (7): 1553~1567.

[36] German R M, Suri P, Park S J. Liquid phase sintering [J]. Journal of materials science, 2009, 44 (1): 1~39.

[37] Gonzalez-Julian J, Guillon O. Effect of electric field/current on liquid phase Sintering [J]. Journal of the American Ceramic Society, 2015, 98 (7): 2018~2027.

[38] Richerson D W, Lee W E. Modern ceramic engineering: properties, processing, and use in design [M]. CRC press, 2018.

[39] Farris R J. Prediction of the viscosity of multimodal suspensions from unimodal viscosity data [J]. Transactions of the Society of Rheology, 1968, 12 (2): 281~301.

[40] Wohlers T T. Rapid Prototyping & Tooling: state of the industry: annual worldwide

progress report [M]. Wohlers Associates, 1997.

[41] Hopkinson N, Dickens P. Rapid prototyping for direct manufacture [J]. Rapid prototyping journal, 2001.

[42] 董新蕊. 3D 打印行业巨头德国 EOS 公司专利分析 [J]. 中国发明与专利, 2013 (12).

[43] 宫玉玺, 王庆顺, 朱丽娟, 等. 选择性激光烧结成型设备及原材料的研究现状 [J]. 铸造, 2017, 3.

[44] 荆慧. 一种基于选择性激光烧结的快速成型新方法构想 [J]. 机械工程师, 2013, 7.

[45] 闫春泽, 史玉升, 杨劲松, 等. 尼龙 12/铜复合粉末材料及其选择性激光烧结成型[J].材料工程, 2007 (12): 48~51.

[46] 李晓刚. 选择性激光烧结快速成型机铺粉系统的研究 [D]. 西安: 陕西科技大学, 2015.

[47] 贾礼宾, 王修春, 王小军, 等. 选择性激光烧结技术研究与应用进展 [J]. 信息技术与信息化, 2015, 11: 172~175.

[48] Wegner A. New polymer materials for the laser sintering process: Polypropylene and others [J].Physics Procedia, 2016, 83: 1003~1012.

[49] Singh S, Sharma V S, Sachdeva A. Progress in selective laser sintering using metallic powders: A review [J]. Materials Science and Technology, 2016, 32 (8): 760~772.

[50] Mys N, Verberckmoes A, Cardon L. Spray Drying as a Processing Technique for Syndiotactic Polystyrene to Powder Form for Part Manufacturing Through Selective Laser Sintering [J].JOM, 2017, 69 (3): 551~556.

[51] Fanselow S, Emamjomeh S E, Wirth K E, et al. Production of spherical wax and polyolefin microparticles by melt emulsification for additive manufacturing [J]. Chemical Engineering Science, 2016, 141: 282~292.

[52] Cheng Z, Lei C, Huang H, et al. The formation of ultrafine spherical metal powders using a low wettability strategy of solid-liquid interface [J]. Materials & Design, 2016, 97: 324~330.

[53] Wang S J, Liu J Y, Chu L Q, et al. Preparation of polypropylene microspheres for selective laser sintering via thermal-induced phase separation: Roles of liquid-liquid phase separation and crystallization [J]. Journal of Polymer Science Part B: Polymer Physics, 2017, 55 (4): 320~329.

[54] 杨旭生, 汪艳. 选择性激光烧结高分子粉末的制备方法 [J]. 高分子通报, 2017, 9.

[55] 杨洁, 王庆顺, 关鹤. 选择性激光烧结技术原材料及技术发展研究 [J]. 黑龙

江科学，2017，20.

[56] Olakanmi E O，Cochrane R F，Dalgarno K W. A review on selective laser sintering/melting（SLS/SLM）of aluminium alloy powders：Processing，microstructure，and properties [J].Progress in Materials Science，2015，74：401~477.

[57] Shirazi S F S，Gharehkhani S，Mehrali M，et al. A review on powder-based additive manufacturing for tissue engineering：Selective laser sintering and inkjet 3D printing [J]. Science and technology of advanced materials，2015.

[58] Liu R，Wang Z，Sparks T，et al. Aerospace applications of laser additive manufacturing [J]. Laser additive manufacturing，Woodhead Publishing，2017：351~371.

[59] Harun W S W，Kamariah M，Muhamad N，et al. A review of powder additive manufacturing processes for metallic biomaterials [J]. Powder Technology，2018，327：128~151.

[60] Gehrke S A，Pérez-Díaz L，Dedavid B A. Quasi-static strength and fractography analysis of two dental implants manufactured by direct metal laser sintering [J]. Clinical implant dentistry and related research，2018，20（3）：368~374.

[61] 顾冬冬，沈以赴．青铜-镍粉末直接选择性激光烧结的研究 [J]. 国外金属热处理，2003，5.

[62] Schwentenwein M，Homa J. Additive manufacturing of dense alumina ceramics [J].International Journal of Applied Ceramic Technology，2015，12（1）：1~7.

[63] Deckers J P，Shahzad K，Cardon L，et al. Shaping ceramics through indirect selective laser sintering [J]. Rapid Prototyping Journal，2016.

[64] Liu K，Sun H，Shi Y，et al. Research on selective laser sintering of Kaolin-epoxy resin ceramic powders combined with cold isostatic pressing and sintering [J]. Ceramics International，2016，42（9）：10711~10718.

[65] Liu K，Sun H，Tan Y，et al. Additive manufacturing of traditional ceramic powder via selective laser sintering with cold isostatic pressing [J]. The International Journal of Advanced Manufacturing Technology，2017，90（1~4）：945~952.

[66] Nazemosadat S M，Foroozmehr E，Badrossamay M. Preparation of alumina/polystyrene core-shell composite powder via phase inversion process for indirect selective laser sintering applications [J]. Ceramics International，2018，44（1）：596~604.

[67] 李栋，唐昆贵，付龙．3D 打印的气缸盖砂芯 [J]. 铸造，2016，65（4）：325~328.

[68] 史玉升，闫春泽，魏青松，等．选择性激光烧结 3D 打印用高分子复合材料 [J]. 中国科学信息科学（中文版），2015，45（2）：204~211.

[69] Bashir Z，Gu H，Yang L. Evaluation of poly（ethylene terephthalate）powder as a material for selective laser sintering，and characterization of printed part [J]. Polymer

Engineering & Science, 2018, 58 (10): 1888~1900.

[70] Berretta S, Ghita O, Evans K E. Morphology of polymeric powders in Laser Sintering (LS): From Polyamide to new PEEK powders [J]. European Polymer Journal, 2014, 59: 218~229.

[71] Wang G, Wang P, Zhen Z, et al. Preparation of PA12 microspheres with tunable morphology and size for use in SLS processing [J]. Materials & Design, 2015, 87: 656~662.

[72] Dadbakhsh S, Verbelen L, Vandeputte T, et al. Effect of powder size and shape on the SLS processability and mechanical properties of a TPU elastomer [J]. Physics Procedia, 2016, 83: 971~980.

[73] Wang R J, Wang L, Zhao L, et al. Influence of process parameters on part shrinkage in SLS [J]. The International Journal of Advanced Manufacturing Technology, 2007, 33 (5~6): 498~504.

[74] Singh S, Sharma V S, Sachdeva A. Optimization and analysis of shrinkage in selective laser sintered polyamide parts [J]. Materials and Manufacturing Processes, 2012, 27 (6): 707~714.

[75] Guo Y, Jiang K, Bourell D L. Accuracy and mechanical property analysis of LPA12 parts fabricated by laser sintering [J]. Polymer Testing, 2015, 42: 175~180.

[76] Dickens Jr E D, Lee B L, Taylor G A, et al. Sinterable semi-crystalline powder and near-fully dense article formed therewith: U. S. Patent 5, 527, 877 [P]. 1996-6-18.

[77] Salmoria G V, Leite J L, Vieira L F, et al. Mechanical properties of PA6/PA12 blend specimens prepared by selective laser sintering [J]. Polymer Testing, 2012, 31 (3): 411~416.

[78] Van Hooreweder B, Moens D, Boonen R, et al. On the difference in material structure and fatigue properties of nylon specimens produced by injection molding and selective laser sintering [J]. Polymer Testing, 2013, 32 (5): 972~981.

[79] Cerardi A, Caneri M, Meneghello R, et al. Mechanical characterization of polyamide cellular structures fabricated using selective laser sintering technologies [J]. Materials & Design, 2013, 46: 910~915.

[80] Salazar A, Rico A, Rodríguez J, et al. Monotonic loading and fatigue response of a bio-based polyamide PA11 and a petrol-based polyamide PA12 manufactured by selective laser sintering [J]. European Polymer Journal, 2014, 59: 36~45.

[81] Yuan S, Strobbe D, Kruth J P, et al. Production of polyamide-12 membranes for microfiltration through selective laser sintering [J]. Journal of Membrane Science, 2017, 525: 157~162.

[82] Lammens N, Kersemans M, De Baere I, et al. On the visco-elasto-plastic response of

additively manufactured polyamide-12 (PA-12) through selective laser sintering [J]. Polymer Testing, 2017, 57: 149~155.

[83] Tan W S, Chua C K, Chong T H, et al. 3D printing by selective laser sintering of polypropylene feed channel spacers for spiral wound membrane modules for the water industry [J]. Virtual and Physical Prototyping, 2016, 11 (3): 151~158.

[84] Zhu W, Yan C, Shi Y, et al. Study on the selective laser sintering of a low-isotacticity polypropylene powder [J]. Rapid Prototyping Journal, 2016.

[85] Schmidt M, Pohle D, Rechtenwald T. Selective laser sintering of PEEK [J]. CIRP annals, 2007, 56 (1): 205~208.

[86] Peyre P, Rouchausse Y, Defauchy D, et al. Experimental and numerical analysis of the selective laser sintering (SLS) of PA12 and PEKK semi-crystalline polymers [J]. Journal of Materials Processing Technology, 2015, 225: 326~336.

[87] Ghita O, James E, Davies R, et al. High Temperature Laser Sintering (HT-LS): An investigation into mechanical properties and shrinkage characteristics of Poly (Ether Ketone) (PEK) structures [J]. Materials & Design, 2014, 61: 124~132.

[88] Rimell J T, Marquis P M. Selective laser sintering of ultra high molecular weight polyethylene for clinical applications [J]. Journal of Biomedical Materials Research: An Official Journal of The Society for Biomaterials, The Japanese Society for Biomaterials, and The Australian Society for Biomaterials and the Korean Society for Biomaterials, 2000, 53 (4): 414~420.

[89] Goodridge R D, Hague R J M, Tuck C J. An empirical study into laser sintering of ultra-high molecular weight polyethylene (UHMWPE) [J]. Journal of Materials Processing Technology, 2010, 210 (1): 72~80.

[90] Leite J L, Salmoria G V, Paggi R A, et al. Microstructural characterization and mechanical properties of functionally graded PA12/HDPE parts by selective laser sintering [J]. The International Journal of Advanced Manufacturing Technology, 2012, 59 (5): 583~591.

[91] Drummer D, Rietzel D, Kühnlein F. Development of a characterization approach for the sintering behavior of new thermoplastics for selective laser sintering [J]. Physics Procedia, 2010, 5: 533~542.

[92] Schmidt J, Sachs M, Blümel C, et al. A novel process route for the production of spherical SLS polymer powders [C]//AIP Conference Proceedings. AIP Publishing LLC, 2015, 1664 (1): 160011.

[93] Schmidt J, Sachs M, Fanselow S, et al. Optimized polybutylene terephthalate powders for selective laser beam melting [J]. Chemical Engineering Science, 2016, 156: 1~10.

[94] Caffrey T, Wohlers T, Campbell I. Executive summary of the Wohlers Report 2016 [J]. Wohlers Assoeiates, 2016.

[95] Gibson I, Shi D. Material properties and fabrication parameters in selective laser sintering process [J]. Rapid Prototyping Journal, 1997.

[96] Nelson J C, Xue S, Barlow J W, et al. Model of the selective laser sintering of bisphenol-A polycarbonate [J]. Industrial & Engineering Chemistry Research, 1993, 32 (10): 2305~2317.

[97] Ho H C H, Cheung W L, Gibson I. Morphology and properties of selective laser sintered bisphenol a polycarbonate [J]. Industrial & Engineering Chemistry Research, 2003, 42 (9): 1850~1862.

[98] Mazzoli A, Ferretti C, Gigante A, et al. Selective laser sintering manufacturing of polycaprolactone bone scaffolds for applications in bone tissue engineering [J]. Rapid Prototyping Journal, 2015.

[99] Velu R, Singamneni S. Selective laser sintering of polymer biocomposites based on polymethyl methacrylate [J]. Journal of Materials Research, 2014, 29(17): 1883~1892.

[100] Velu R. Selective Laser Sintering of PMMA and PMMA Plus β-tricalcium Phosphate Polymer Composites [D]. Auckland University of Technology, 2017.

[101] Ngo T T, Blair S, Kuwahara K, et al. Drug impregnation for laser sintered poly (methyl methacrylate) biocomposites using supercritical carbon dioxide [J]. The Journal of Supercritical Fluids, 2018, 136: 29~36.

[102] Wang C, Dong Q, Shen X. Warpage optimization of polystyrene in selective laser sintering using neural network and genetic algorithm [J]. Advanced Science Letters, 2011, 4 (3): 669~674.

[103] Mys N, Verberckmoes A, Cardon L. Processing of syndiotactic polystyrene to microspheres for part manufacturing through selective laser sintering [J]. Polymers, 2016, 8 (11): 383.

[104] Mys N, Verberckmoes A, Cardon L. Spray Drying as a Processing Technique for Syndiotactic Polystyrene to Powder Form for Part Manufacturing Through Selective Laser Sintering [J].JOM, 2017, 69 (3): 551~556.

[105] Strobbe D, Dadbakhsh S, Verbelen L, et al. Selective laser sintering of polystyrene: A single-layer approach [J]. Plastics, Rubber and Composites, 2018, 47 (1): 2~8.

[106] Yuan S, Shen F, Bai J, et al. 3D soft auxetic lattice structures fabricated by selective laser sintering: TPU powder evaluation and process optimization [J]. Materials & Design, 2017, 120: 317~327.

[107] Li Z, Wang Z, Gan X, et al. Selective laser sintering 3D printing: A way to construct 3d electrically conductive segregated network in polymer matrix [J]. Macromolecular Materials and Engineering, 2017, 302 (11): 1700211.

[108] Schmid M, Amado A, Wegener K. Materials perspective of polymers for additive manufacturing with selective laser sintering [J]. Journal of Materials Research, 2014, 29 (17): 1824~1832.

[109] Wang X, Jiang M, Zhou Z, et al. 3D printing of polymer matrix composites: A review and prospective [J]. Composites Part B: Engineering, 2017, 110: 442~458.

[110] Salmoria G V, Leite J L, Paggi R A. The microstructural characterization of PA6/PA12 blend specimens fabricated by selective laser sintering [J]. Polymer Testing, 2009, 28 (7): 746~751.

[111] Salmoria G V, Lauth V R, Cardenuto M R, et al. Characterization of PA12/PBT specimens prepared by selective laser sintering [J]. Optics & Laser Technology, 2018, 98: 92~96.

[112] Athreya S R, Kalaitzidou K, Das S. Processing and characterization of a carbon black-filled electrically conductive Nylon-12 nanocomposite produced by selective laser sintering [J]. Materials Science and Engineering: A, 2010, 527 (10~11): 2637~2642.

[113] Athreya S R, Kalaitzidou K, Das S. Mechanical and microstructural properties of Nylon-12/carbon black composites: Selective laser sintering versus melt compounding and injection molding [J]. Composites science and technology, 2011, 71 (4): 506~510.

[114] Athreya S R, Kalaitzidou K, Das S. Microstructure, thermomechanical properties, and electrical conductivity of carbon black-filled nylon-12 nanocomposites prepared by selective laser sintering [J]. Polymer Engineering & Science, 2012, 52 (1): 12~20.

[115] Bai J, Goodridge R D, Hague R J M, et al. Improving the mechanical properties of laser-sintered polyamide 12 through incorporation of carbon nanotubes [J]. Polymer Engineering & Science, 2013, 53 (9): 1937~1946.

[116] Bai J, Goodridge R D, Hague R J M, et al. Influence of carbon nanotubes on the rheology and dynamic mechanical properties of polyamide-12 for laser sintering [J]. Polymer Testing, 2014, 36: 95~100.

[117] Salmoria G V, Paggi R A, Beal V E. Graded composites of polyamide/carbon nanotubes prepared by laser sintering [J]. Lasers in Manufacturing and Materials Processing, 2017, 4 (1): 36~44.

[118] Yuan S, Zheng Y, Chua C K, et al. Electrical and thermal conductivities of MWCNT/polymer composites fabricated by selective laser sintering [J]. Composites Part A: Applied Science and Manufacturing, 2018, 105: 203~213.

[119] Yan C, Hao L, Xu L, et al. Preparation, characterisation and processing of carbon fibre/polyamide-12 composites for selective laser sintering [J]. Composites science and technology, 2011, 71 (16): 1834~1841.

[120] Zhu W, Yan C, Shi Y, et al. A novel method based on selective laser sintering for preparing high-performance carbon fibres/polyamide12/epoxy ternary composites [J]. Scientific reports, 2016, 6 (1): 1~10.

[121] Jing W, Hui C, Qiong W, et al. Surface modification of carbon fibers and the selective laser sintering of modified carbon fiber/nylon 12 composite powder [J]. Materials & Design, 2017, 116: 253~260.

[122] Alayavalli K, Bourell D L. Fabrication of modified graphite bipolar plates by indirect selective laser sintering (SLS) for direct methanol fuel cells [J]. Rapid Prototyping Journal, 2010.

[123] 吴海华，李腾飞，肖林楠，等．鳞片石墨粉末选择性激光烧结成型工艺研究 [J]. 激光与光电子学进展，2016，53（10）：188~193.

[124] Guo N, Leu M C. Effect of different graphite materials on the electrical conductivity and flexural strength of bipolar plates fabricated using selective laser sintering [J]. International journal of hydrogen energy, 2012, 37 (4): 3558~3566.

[125] Chen B, Berretta S, Evans K, et al. A primary study into graphene/polyether ether ketone (PEEK) nanocomposite for laser sintering [J]. Applied Surface Science, 2018, 428: 1018~1028.

[126] Chung H, Das S. Functionally graded Nylon-11/silica nanocomposites produced by selective laser sintering [J]. Materials Science and Engineering: A, 2008, 487 (1~2): 251~257.

[127] Wang G X, Liu P, Zhang W, et al. Preparation and characterization of novel PA6/ SiO_2 composite microsphere applied for selective laser sintering [J]. Express Polymer Letters, 2018, 12 (1): 13~23.

[128] Wang Y, James E, Ghita O R. Glass bead filled polyetherketone (PEK) composite by high temperature laser sintering (HT-LS) [J]. Materials & Design, 2015, 83: 545~551.

[129] Hon K K B, Gill T J. Selective laser sintering of SiC/polyamide composites [J]. CIRP Annals, 2003, 52 (1): 173~176.

[130] Du Y, Liu H, Yang Q, et al. Selective laser sintering scaffold with hierarchical architecture and gradient composition for osteochondral repair in rabbits [J]. Biomateri-

als, 2017, 137: 37~48.

[131] Xiaohui S, Wei L, Pinghui S, et al. Selective laser sintering of aliphatic-polycarbonate/hydroxyapatite composite scaffolds for medical applications [J]. The International Journal of Advanced Manufacturing Technology, 2015, 81 (1): 15~25.

[132] Subramanian K, Vail N, Barlow J, et al. Selective laser sintering of alumina with polymer binders [J]. Rapid Prototyping Journal, 1995.

[133] Zheng H, Zhang J, Lu S, et al. Effect of core-shell composite particles on the sintering behavior and properties of nano-Al_2O_3/polystyrene composite prepared by SLS [J]. Materials Letters, 2006, 60 (9~10): 1219~1223.

[134] Almansoori A, Seabright R, Majewski C, et al. Feasibility of Plasma Treated Clay in Clay/Polymer Nanocomposites Powders for use Laser Sintering (LS) [C]//IOP Conference Series: Materials Science and Engineering. IOP Publishing, 2017, 195 (1): 012003.

[135] Guo Y, Jiang K, Bourell D L. Preparation and laser sintering of limestone PA12 composite [J]. Polymer Testing, 2014, 37: 210~215.

[136] Zhang Y, Fang J, Li J, et al. The effect of carbon nanotubes on the mechanical properties of wood plastic composites by selective laser sintering [J]. Polymers, 2017, 9 (12): 728.

[137] Chung H, Das S. Processing and properties of glass bead particulate-filled functionally graded Nylon-11 composites produced by selective laser sintering [J]. Materials Science and Engineering: A, 2006, 437 (2): 226~234.

[138] Schmidt J, Sachs M, Blümel C, et al. A novel process route for the production of spherical LBM polymer powders with small size and good flowability [J]. Powder Technology, 2014, 261: 78~86.

[139] Xu X, Wang Q, Kong X, et al. Pan mill type equipment designed for polymer stress reactions: theoretical analysis of structure and milling process of equipment [J]. Plastics rubber and composites processing and applications, 1996, 25 (3): 152~158.

[140] Chen Z, Liu C, Wang Q. Solid-phase preparation of ultra-fine PA6 powder through pan-milling [J]. Polymer Engineering & Science, 2001, 41 (7): 1187~1195.

[141] Xia H, Wang Q, Li K, et al. Preparation of polypropylene/carbon nanotube composite powder with a solid-state mechanochemical pulverization process [J]. Journal of Applied Polymer Science, 2004, 93 (1): 378~386.

[142] Shao W, Wang Q, Wang F, et al. The cutting of multi-walled carbon nanotubes and their strong interfacial interaction with polyamide 6 in the solid state [J]. Carbon, 2006, 44 (13): 2708~2714.

[143] Wang G, Chen Y, Wang Q. Structure and properties of poly (ethylene terephthalate)/Na^+-montmorillonite nanocomposites prepared by solid state shear milling (S3M) method [J].Journal of Polymer Science Part B: Polymer Physics, 2008, 46 (8): 807~817.

[144] Yang S, Bai S, Wang Q. Preparation of fine fiberglass-resin powders from waste printed circuit boards by different milling methods for reinforcing polypropylene composites [J]. Journal of Applied Polymer Science, 2015, 132 (35).

[145] He P, Bai S, Wang Q. Structure and performance of Poly (vinyl alcohol)/wood powder composite prepared by thermal processing and solid state shear milling technology [J].Composites Part B: Engineering, 2016, 99: 373~380.

[146] Yang S, Bai S, Duan W, et al. Production of value-added composites from aluminum-plastic package waste via solid-state shear milling process [J]. ACS Sustainable Chemistry & Engineering, 2018, 6 (3): 4282~4293.

[147] Wang S J, Liu J Y, Chu L Q, et al. Preparation of polypropylene microspheres for selective laser sintering via thermal-induced phase separation: Roles of liquid-liquid phase separation and crystallization [J]. Journal of Polymer Science Part B: Polymer Physics, 2017, 55 (4): 320~329.

[148] Chunze Y, Yusheng S, Jinsong Y, et al. A nanosilica/nylon-12 composite powder for selective laser sintering [J]. Journal of Reinforced Plastics and Composites, 2009, 28 (23): 2889~2902.

[149] Yang J, Shi Y, Yan C. Selective laser sintering of polyamide 12/potassium titanium whisker composites [J]. Journal of applied polymer science, 2010, 117 (4): 2196~2204.

[150] Zhu W, Yan C, Shi Y, et al. A novel method based on selective laser sintering for preparing high-performance carbon fibres/polyamide12/epoxy ternary composites [J]. Scientific reports, 2016, 6 (1): 1~10.

[151] Du Y, Liu H, Shuang J, et al. Microsphere-based selective laser sintering for building macroporous bone scaffolds with controlled microstructure and excellent biocompatibility [J].Colloids and Surfaces B: Biointerfaces, 2015, 135: 81~89.

[152] Chua C K, Leong K F, Tan K H, et al. Development of tissue scaffolds using selective laser sintering of polyvinyl alcohol/hydroxyapatite biocomposite for craniofacial and joint defects [J].Journal of Materials Science: Materials in Medicine, 2004, 15 (10): 1113~1121.

[153] Wahab M S, Dalgarno K W, Cochrane R F, et al. Development of polymer nanocomposites for rapid prototyping process [C]//Proceedings of the World Congress on Engineering WCE, 2009, 2.

[154] Mys N, Van De Sande R, Verberckmoes A, et al. Processing of polysulfone to free flowing powder by mechanical milling and spray drying techniques for use in selective laser sintering [J]. Polymers, 2016, 8 (4): 150.

[155] Pei A, Liu A, Xie T, et al. A new strategy for the preparation of polyamide-6 microspheres with designed morphology [J]. Macromolecules, 2006, 39 (23): 7801~7804.

[156] Cai X, Zhang Y, Wu G. A novel approach to prepare PA6/Fe_3O_4 microspheres for protein immobilization [J]. Journal of Applied Polymer Science, 2011, 122 (4): 2271~2277.

[157] Curie J, Curie P. Development by pressure of polar electricity in hemihedral crystals with inclined faces [J]. Bull. soc. min. de France, 1880, 3: 90.

[158] Gautschi G. Piezoelectric sensors [M]. Piezoelectric Sensorics. Springer, Berlin, Heidelberg, 2002: 73~91.

[159] Chopra I. Review of state of art of smart structures and integrated systems [J]. AIAA Journal, 2002, 40 (11): 2145~2187.

[160] 杨正岩，张佳奇，高东岳，等．航空航天智能材料与智能结构研究进展 [J]. 航空制造技术，2017 (17): 36~48.

[161] Kogan S M. Piezoelectric effect during inhomogeneous deformation and acoustic scattering of carriers in crystals [J]. Soviet Physics-Solid State, 1964, 5(10): 2069~2070.

[162] Lam K H, Chan H L W, Luo H S, et al. Piezoelectrically actuated ejector using PMN-PT single crystal [J]. Sensors and Actuators A: Physical, 2005, 121 (1): 197~202.

[163] Saito Y, Takao H, Tani T, et al. Lead-free piezoceramics [J]. Nature, 2004, 432 (7013): 84~87.

[164] Panda P K, Sahoo B. PZT to lead free piezo ceramics: a review [J]. Ferroelectrics, 2015, 474 (1): 128~143.

[165] Erhart J, Půlpán P, Pustka M. Piezoelectric Ceramic Materials [M]//Piezoelectric Ceramic Resonators. Springer, Cham, 2017: 11~27.

[166] Seminara L, Pinna L, Valle M, et al. Piezoelectric polymer transducer arrays for flexible tactile sensors [J]. IEEE Sensors Journal, 2013, 13 (10): 4022~4029.

[167] Xu Z, Bykova J, Baniasadi M, et al. Bioinspired Multifunctional Ceramic Platelet-Reinforced Piezoelectric Polymer Composite [J]. Advanced Engineering Materials, 2017, 19 (2): 1600570.

[168] Ramadan K S, Sameoto D, Evoy S. A review of piezoelectric polymers as functional materials for electromechanical transducers [J]. Smart Materials and Structures,

2014, 23 (3): 033001.

[169] Newnham R E, Skinner D P, Cross L E. Connectivity and piezoelectric-pyroelectric composites [J]. Materials Research Bulletin, 1978, 13 (5): 525~536.

[170] 刘晓芳. PZT/聚合物基压电复合材料结构与性能研究 [D]. 武汉: 武汉理工大学, 2005.

[171] Janas V F, Safari A. Overview of fine-scale piezoelectric ceramic/polymer composite processing [J]. Journal of the American Ceramic Society, 1995, 78 (11): 2945~2955.

[172] Rödel J, Webber K G, Dittmer R, et al. Transferring lead-free piezoelectric ceramics into application [J]. Journal of the European Ceramic Society, 2015, 35 (6): 1659~1681.

[173] Wu J, Xiao D, Zhu J. Potassium-sodium niobate lead-free piezoelectric materials: past, present, and future of phase boundaries [J]. Chemical reviews, 2015, 115 (7): 2559~2595.

[174] Zhu L F, Zhang B P, Zhao L, et al. Large piezoelectric effect of $(Ba, Ca)TiO_3$-$xBa(Sn, Ti)O_3$ lead-free ceramics [J]. Journal of the European Ceramic Society, 2016, 36 (4): 1017~1024.

[175] Keswani B C, Devan R S, Kambale R C, et al. Correlation between structural, magnetic and ferroelectric properties of Fe-doped $(Ba\text{-}Ca)TiO_3$ lead-free piezoelectric [J]. Journal of Alloys and Compounds, 2017, 712: 320~333.

[176] Smith M B, Page K, Siegrist T, et al. Crystal structure and the paraelectric-to-ferroelectric phase transition of nanoscale $BaTiO_3$ [J]. Journal of the American Chemical Society, 2008, 130 (22): 6955~6963.

[177] 陈忠红, 刘佳, 陈琼, 等. 高分子压电复合材料研究进展 [J]. 化工新型材料, 2016, 44 (1): 19~21.

[178] Frubing P, Kremmer A, Neumann W, et al. Dielectric relaxation in piezo-, pyro- and ferroelectric polyamide 11 [J]. IEEE transactions on dielectrics and electrical insulation, 2004, 11 (2): 271~279.

[179] Takase Y, Lee J W, Scheinbeim J I, et al. High-temperature characteristics of nylon-11 and nylon-7 piezoelectrics [J]. Macromolecules, 1991, 24(25): 6644~6652.

[180] Capsal J F, Dantras E, Laffont L, et al. Nanotexture influence of $BaTiO_3$ particles on piezoelectric behaviour of PA11/$BaTiO_3$ nanocomposites [J]. Journal of non-crystalline solids, 2010, 356 (11~17): 629~634.

[181] David C, Capsal J F, Laffont L, et al. Piezoelectric properties of polyamide 11/$NaNbO_3$ nanowire composites [J]. Journal of Physics D: Applied Physics, 2012,

45 (41): 415305.

[182] Carponcin D, Dantras E, Dandurand J, et al. Electrical and piezoelectric behavior of polyamide/PZT/CNT multifunctional nanocomposites [J]. Advanced Engineering Materials, 2014, 16 (8): 1018~1025.

[183] Carponcin D, Dantras E, Michon G, et al. New hybrid polymer nanocomposites for passive vibration damping by incorporation of carbon nanotubes and lead zirconate titanate particles [J].Journal of Non-Crystalline Solids, 2015, 409: 20~26.

[184] Kakimoto K, Fukata K, Ogawa H. Fabrication of fibrous $BaTiO_3$-reinforced PVDF composite sheet for transducer application [J]. Sensors and Actuators A: Physical, 2013, 200: 21~25.

[185] Baji A, Mai Y W, Li Q, et al. Nanoscale investigation of ferroelectric properties in electrospun barium titanate/polyvinylidene fluoride composite fibers using piezoresponse force microscopy [J]. Composites Science and Technology, 2011, 71 (11):1435~1440.

[186] Zhang C H, Hu Z, Gao G, et al. Damping behavior and acoustic performance of polyurethane/lead zirconate titanate ceramic composites [J]. Materials & Design, 2013, 46: 503~510.

[187] Kim K, Zhu W, Qu X, et al. 3D optical printing of piezoelectric nanoparticle-polymer composite materials [J]. ACS nano, 2014, 8 (10): 9799~9806.

[188] Chinya I, Pal A, Sen S. Polyglycolated zinc ferrite incorporated poly (vinylidene fluoride) (PVDF) composites with enhanced piezoelectric response [J]. Journal of Alloys and Compounds, 2017, 722: 829~838.

[189] Chinya I, Pal A, Sen S. Polyglycolated zinc ferrite incorporated poly (vinylidene fluoride) (PVDF) composites with enhanced piezoelectric response [J]. Journal of Alloys and Compounds, 2017, 722: 829~838.

[190] Bhavanasi V, Kumar V, Parida K, et al. Enhanced piezoelectric energy harvesting performance of flexible PVDF-TrFE bilayer films with graphene oxide [J]. ACS applied materials & interfaces, 2016, 8 (1): 521~529.

[191] Wang Z, Wang T, Fang M, et al. Enhancement of dielectric and electrical properties in BFN/Ni/PVDF three-phase composites [J]. Composites Science and Technology, 2017, 146: 139~146.

[192] Xin C, Shifeng H, Jun C, et al. Piezoelectric and dielectric properties of piezoelectric ceramic-sulphoaluminate cement composites [J]. Journal of the European Ceramic Society, 2005, 25 (13): 3223~3228.

[193] Chen L F, Hong Y P, Chen X J, et al. Preparation and properties of polymer matrix piezoelectric composites containing aligned $BaTiO_3$ whiskers [J]. Journal of materials

science, 2004, 39 (9): 2997~3001.

[194] Lee M H, Halliyal A, Newnham R E. Poling of Coprecipitated Lead Titanate-Epoxy 0-3 Piezoelectric Composites [J]. Journal of the American Ceramic Society, 1989, 72 (6): 986~990.

[195] Levassort F, Lethiecq M, Millar C, et al. Modeling of highly loaded 0-3 piezoelectric composites using a matrix method [J]. IEEE transactions on ultrasonics, ferroelectrics, and frequency control, 1998, 45 (6): 1497~1505.

[196] Zhang Y, Jeong C K, Yang T, et al. Bioinspired elastic piezoelectric composites for high-performance mechanical energy harvesting [J]. Journal of Materials Chemistry A, 2018, 6 (30): 14546~14552.

[197] Yuan L I U, Shen Y, Jiang S, et al. Preparation and Properties of Flexible 0-3 Polymer-Piezoelectric Composites [C]//2019 14th Symposium on Piezoelectrcity, AcousticWaves and Device Applications (SPAWDA). IEEE, 2019: 1~5.

[198] Hua Z, Shi X, Chen Y. Preparation, structure, and property of highly filled polyamide 11/$BaTiO_3$ piezoelectric composites prepared through solid-state mechanochemical method [J].Polymer Composites, 2019, 40 (S1): 177~185.

2 压电器件的制备技术及分析检测

2.1 主要实验原料及试剂

尼龙 11(PA11)：熔融指数(MFI)为 6.68g/10min(195℃，1.525kg)，密度 1.04g/cm^3，法国 Arkema 公司生产。

钛酸钡（$BaTiO_3$）：密度 6.08g/cm^3，平均粒径 500nm，四方晶相，山东 SINOCERA 公司提供。

尼龙 12（PA12）粉体：平均粒径 60μm，湖南华曙高科技有限责任公司生产。

纳米二氧化硅（SiO_2）：粒径 10nm，上海阿拉丁生化科技股份有限公司生产。

2.2 主要实验设备

磨盘形力化学反应器：自主发明，具有独特的三维剪结构，可实现聚合物粒料的粉碎、分散、混合和力化学反应等[1~3]，结构如图 2-1 所示，该设备主要部件为一对相对放置的镶嵌式磨面 2、3，物料通过进料孔 4 进入反应器，反应器的内部压力通过螺旋加压系统 5 控制[4,5]，碾磨后的粉体经反应器下面的出料口 8 采集，碾磨过程通过循环水来冷却[6,7]。

选择性激光烧结设备（图 2-2)：HT251P，采用 60W 的连续二氧化碳激光器，波长 10.6μm，拥有氮气保护系统，有效成型尺寸 235mm×235mm×235mm，精度±0.1mm，可在线修改建造参数，湖南华曙高科技有限责任公司。

动态颗粒图像粒度粒形测量装置：S3500 型，麦奇克/Microtrac 公司，美国。

FT4 多功能粉体流动性测试仪：富瑞曼/Freeman Technology 公司，英

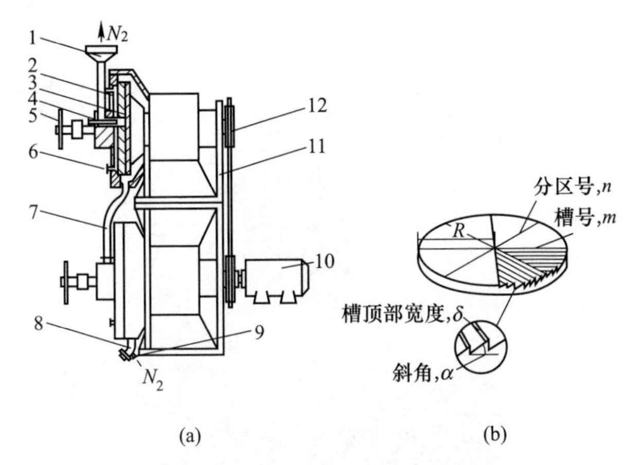

图 2-1 磨盘设备(a)和镶嵌式磨机盘(b)的示意图

1—进料口；2—固定盘；3—移动盘；4—螺旋进料器；5—处理盘；6—中质层的入口；7—挠性管；8—排放管；9—惰性气体的入口；10—发动机；11—支座；12—驱动系统

图 2-2 选择性激光烧结（SLS）设备的照片

国，如图 2-3 所示。

冷冻粉碎机：250 型，盘面直径 250mm，转速 3000～6000r/min，外形尺寸 2160mm×1860mm×2300mm，江阴市中凯制药机械制造有限公司。

同向旋转双螺杆挤出机：型号 TSSJ-25/33，晨光化学工业研究所（中国)。

鼓风式干燥箱：DHG-9245A 型，上海恒一科学仪器有限公司。

高速搅拌机：北京中兴伟业有限公司，FW-400A。

真空干燥箱：DZF-6050，上海齐欣科学仪器有限公司。

图 2-3　FT4 粉体流变仪

平板硫化机：0.63 兆半自动压力成型机，上海西玛伟力橡胶机械厂。

红外热成像仪：Testo 875，Testo Ltd，英国。

2.3　样品制备

2.3.1　纯 PA11 粉体的制备

2.3.1.1　片状和棒状尼龙 11 粉体的制备

将尼龙 11 粒料加入到磨盘形力化学反应器中碾磨，控制磨盘转速为 30~40r/min，通过螺纹增压系统控制磨盘间压力。实验中发现，磨盘间压力和温度较高时，PA11 易形成棒状粉体，这是因为温度达到 PA11 粉体玻璃化温度以上时，其呈现橡胶态，在较大的碾磨压力下易变形成为棒状；而磨盘间压力和温度较低时，PA11 粉体只是在剪切作用下被剪切成片状结构。因此，可以通过控制螺纹深度和冷却水的流速调控磨盘间压力和温度。经碾磨得到片状或棒状 PA11 粉体。将碾磨得到的粉体与 0.5%（质量分数，下同）的纳米二氧化硅在高速混合机中混合 5min，转速 20000r/min，以改善粉体的流动性，最终将这两种粉体经 100℃ 干燥 8h 后封装备用。

2.3.1.2 块状尼龙 11 粉体的制备

开启深冷粉碎机电源及粉碎转子，保持低速运转，将 PA11 粒料加入到预冷腔中；开启鼓风系统，将液氮注入到深冷粉碎机中的预冷腔和粉碎腔中，待预冷腔和粉碎腔的温度降低至-140℃时，升高粉碎转子的转速并开启进料螺杆。PA11 在粉碎腔中被粉碎后，经鼓风系统进入出料口。粉碎后的 PA11 粉体转移至真空烘箱，在 100℃下真空干燥 24h。将干燥后的 PA11 粉体经 0.178mm(80 目)、0.150mm(100 目)和 0.095mm(160 目)筛网筛分，并将粉体与 0.5%(质量分数)纳米二氧化硅在高速混合机中搅拌 5min 后取出封装备用。

2.3.2 PA11/$BaTiO_3$压电复合粉体的制备

将 PA11 颗粒与 $BaTiO_3$粉体按照一定质量比预混合后加入到磨盘形化学反应器中碾磨 10 次，得到复合粉体。将碾磨得到的复合粉体在双螺杆挤出机中挤出造粒，挤出机各段温度为 190℃、205℃、210℃，口模温度 190℃，螺杆转速为 60r/min。然后将挤出得到的粒料加入到磨盘中再次碾磨至合适粒径，将二次碾磨得到的粉体过 300 筛（48μm），除去其中小颗粒，放入真空干燥箱中在 100℃条件下干燥 12h 后封装备用。

2.3.3 PA11/$BaTiO_3$压电复合球形粉体的制备

具体制备方法参照第 4 章。得到的复合球形粉体与 0.5%(质量分数)纳米二氧化硅在高速混合机中搅拌 5min 后取出封装备用。

2.3.4 PA11 及 PA11/$BaTiO_3$粉体的 SLS 加工

2.3.4.1 棒状和块状尼龙 11 粉体的 SLS 单层烧结实验

将 PA11 粉体利用滚筒铺展形成表面平整的粉床，关闭腔体密封门，充氮使腔体内的空气含量低于 5.5%(体积分数)，将粉床预热至 50℃，开启激光按照设定路线对粉体进行选择性烧结成型，激光功率分别为 10W、20W、30W、40W、50W 和 60W，扫描间距为 0.1mm，扫描速度 7.6m/s，粉体层厚 0.1mm。烧结完成后，快速开启腔体密封门，使用红外热成像仪测试成型件的表面温度。

2.3.4.2 PA11/$BaTiO_3$压电复合粉体的SLS加工

将PA11/$BaTiO_3$复合粉体利用滚筒铺展形成表面平整的粉床，关闭腔体密封门，充氮使腔体内的空气含量低于5.5%（体积分数），将粉床预热至一定温度（预热温度取决于各粉体的初始熔融温度，前期需要进行大量的实验尝试），开启激光按照设定路线对粉体进行选择性烧结成厚度1mm，直径24mm的圆片，扫描速度7.6m/s，粉体层厚0.1mm，激光功率为10W，扫描间距分别为0.1mm、0.15mm、0.2mm、0.25mm、0.3mm、0.4mm。根据下列公式可得到能量密度（ED）[8]：

$$ED = \frac{LP}{SS \times BS} \tag{2-1}$$

式中 LP——激光能量；

SS——扫描速度；

BS——扫描间距。

从而得到上述烧结圆片的能量密度分别为13.15mJ/mm^2、8.77mJ/mm^2、6.58mJ/mm^2、5.26mJ/mm^2、4.39mJ/mm^{2}和3.29mJ/mm^2。

其他复杂烧结件的制备方法与圆片烧结相同，只是所用能量密度为4.39mJ/mm^2。

2.4 测试和表征

2.4.1 扫描电镜（SEM）

将样品在液氮中浸泡15min淬断，淬断面真空喷金，用SEM（INSPECT F，FEI，日本）观察断面形貌，加速电压20kV。在未注明时，复合粉体直接喷金，观察表面形貌。

2.4.2 颗粒粒度粒形测试

将待测试的粉体均匀分散至乙醇溶剂中，然后超声5min左右得到分散均匀的悬浮液，采用Microtrac S3500动态颗粒图像粒度粒形测量装置测定各粉体的粒径及粒径分布，测试过程中，超声频率2000Hz。对于同一样品，为保证测试的可靠性，采集三次数据取其平均值作为最终实验结果。

对于粉体几何形状特征的测试，是将上述分散均匀的悬浮液快速加入到样品池中，保证实时监测的颗粒数在 1min 内达到 10000 颗以上，激光衍射角度0.02°~163°，将得到的动态图像通过 Particle viewer 软件分析处理。

2.4.3 休止角测试

将漏斗安装在一定高度的铁架台上，漏斗采用铁圈固定，然后将表面皿放在漏斗的正下方，从漏斗中缓缓加入粉体，直到粉体形成的圆锥体的顶角到达漏斗底面为止。用直尺测试圆锥体的高度 H 和底面直径 R，通过公式 $\tan\theta = 2H/R$，计算得到粉体的休止角。休止角越小，粉体流动性越好。

2.4.4 堆积密度测试

将体积 100mL 的圆形量筒放在分析天平上称重，记为 M_0，称取质量后将其放在铁架台上，然后用铁圈将漏斗固定在量筒的上方，将粉体从漏斗侧壁缓缓倒入，直到粉体的平面达到量筒 100mL 的位置，称重记为 M_1，粉体的质量为 $M = M_1 - M_0$，粉体质量除以体积得到其松装密度 ρ_p；接下来将粉体轻轻敲震 50 次，记下粉体的体积，从而得到粉体的振实密度 ρ_t。通过松装密度和振实密度，可计算粉体的 Carr 指数[9]：

$$CI = \frac{\rho_t - \rho_p}{\rho_t} \tag{2-2}$$

2.4.5 FT4 粉体流变仪测试

FT4 粉体流变仪主要测量和表征粉体的流动和堆积特性，包括动力学流变性质（稳定性及流动速率、固结性）、粉体的堆积特性（压缩、透气性）、剪切性质（剪切性、壁面摩擦）等。所有的测试都是在内径为 48mm 的高硼硅玻璃筒中进行的，具体的操作方法可参阅文献［10］。

2.4.5.1 剪切测试

FT4 剪切测试是环向剪切的一种，首先要对粉体施加一定的法向应力，然后在低于预压力条件下进行循环剪切，根据减损点获得屈服轨迹，根据莫尔圆和相关公式得到粉体的内摩擦角、流动函数、无侧界屈服应力、最大法向应力等参数。本书中采用的预压缩应力分别为 3kPa、6kPa、9kPa 和 15kPa。

2.4.5.2　粉体的稳定性和流动速率测试

粉体的稳定性和对流动速率敏感性是通过金属叶片按照螺旋路线经过粉体所消耗的能量来评估的。测试过程中，金属叶片逆时针向下通过粉床，叶片向下前进距离设定为 55mm，7 次重复实验的叶片转速恒定为 100mm/s。然后，第 8~11 次的叶片转速分别设定为 100mm/s、70mm/s、40mm/s、10mm/s。

2.4.5.3　粉体的固结特性测试

首先对粉体进行预处理和切分，消除粉体的应力历史，恢复到原始状态。通过一个开孔的活塞对样品施加不同的法向应力，测试粉体在压缩过程中的体积变化，最终得到粉体在不同压缩应力下的压缩百分数。

2.4.5.4　粉体的透气性测试

与固结性测试相似，首先将粉体放置于体积为 85mL、内径 50mm 的圆筒形容器内，用旋转的金属叶片对粉体进行预处理和切分，使粉体恢复到原始状态。打开充气阀，设定空气流速为 2mm/s，测试过程中的预压缩应力为 3kPa、6kPa、9kPa 和 15kPa。

2.4.5.5　粉体的流化测试

首先将粉体放置于体积为 160mL、内径 50mm 的圆筒形容器内，用旋转的金属叶片对粉体进行预处理和切分，使粉体恢复到原始状态。打开充气阀，测试过程中的气体流速由 10mm/s 逐渐减少至 0mm/s。

2.4.6　积分球测试

称取一定质量的粉体置于样品池中，然后将装有样品的样品池放到积分球的下方，利用光学信号探测器检测入射光经过粉体样品吸收后的光学强度，不断调整入射光到达粉体表面的角度 45°~120°，入射光的波长为 500~2500cm。

2.4.7 红外热成像测试

将粉体均匀铺在烧结缸上，预热到50℃，然后采用不同能量密度的激光对各粉体进行单层烧结，单层烧结完成后快速打开腔体，使用红外热成像仪来测量各烧结件的温度分布，得到粉体的三帧红外图像，利用相应软件处理可进一步得到各烧结件表面的温度分布。

2.4.8 尺寸精度

被测样品为具有一定厚度的长方形样条，利用游标卡尺测量各个方向上的尺寸，每个方向上的尺寸测量为3次，计算平均值。测试得到的实际尺寸记为L_1，CAD标准模型的设定尺寸记为L_0，样品的尺寸精度用偏离标准模型的百分比来表示，即：

$$D = \frac{L_1 - L_0}{L_0} \times 100\% \tag{2-3}$$

2.4.9 力学性能测试

采用美国Instron 5576万能材料试验机，分别按ASTM Standard D638和ASTM Standard D790测试材料拉伸和弯曲性能。

2.4.10 X射线衍射（XRD）

采用DX-1000型X射线衍射仪（中国丹东方圆仪器有限公司）研究了复合材料的晶型。条件：CuKα（$\lambda = 0.1542$nm），室温，扫描速度0.06/s，范围$2\theta = 10° \sim 70°$，电压电流：40kV和25mA。

2.4.11 差示扫描量热（DSC）

复合材料的热行为采用Q20型（美国TA公司）差示扫描量热仪来测试。测试具体的操作过程为：先从40℃升温到220℃并保持3min，接着降温至40℃，恒温3min后，再重新升温至220℃，整个过程的升降温速率保持10℃/min。从记录的DSC升温曲线中可得到样品的熔点和结晶度，结晶度X_c按下列公式计算：

$$X_c = \frac{\Delta H_m}{(1 - \varphi)\Delta H_m^0} \times 100\% \tag{2-4}$$

式中　ΔH_m ——样品实际测试得到的熔融焓；

ΔH_m^0 ——纯聚合物样品完全结晶或熔融时的热焓，PA11 的 ΔH_m^0 值为 225.9J/g[11]；

φ——复合材料中钛酸钡的质量分数。

2.4.12　激光拉曼光谱（Raman）

采用 HORIBA 公司生产的 LabRAM HR 激光拉曼光谱仪，配备 532.17nm 的激光光源对钛酸钡粉体进行表征。

2.4.13　傅里叶变换红外光谱（FT-IR）

通过红外光谱可以确定不同的化学官能团，以此可判断球形化过程中粉体表面的化学反应。采用美国 Thermo Scientific 公司 Nicolet 6700 型傅里叶变换红外光谱仪测试样品，ATR 模式下扫描范围 4000~400cm^{-1}，扫描次数 32 次，分辨率 4cm^{-1}，用仪器分析软件 OMNIC 8.0 对谱图进行分析处理。

2.4.14　X 射线光电子能谱（XPS）

采用英国 Shimadzu/Kratos 有限公司生产的 X 射线光电子能谱仪（AXIS-UTLTRA DLD）测试复合粉体在球形化前后表面元素化学结合能的变化，测试元素为 C、O、Ba 三种元素，通过相应的分峰软件获得各元素的结合能。

2.4.15　动态流变性能

为测试复合粉体在碾磨前后黏度的变化，采用动态旋转流变仪（ARES，TA 公司，美国）测试复合材料的黏度随频率变化的关系。平行板直径 25mm，测试过程中两平行板的间距 1.0mm，温度为 210℃，应变 0.1%，频率 100~0.01Hz，氮气环境防止高分子发生氧化降解。

2.4.16　孔隙率测试

材料的孔隙率通过液体饱和及浸渍技术测试，通过将样品置入去离子水中，煮沸 2h，样品在水中的质量记为 W_w，将饱和的样品表面擦干，称量质量记为 W_{ssd}，然后将样品放在 100℃ 条件下干燥 24h，记下完全干燥的质量 W_d，样品的孔隙率可由下式计算：

$$p = \frac{W_{ssd} - W_d}{W_{ssd} - W_w} \times 100\% \tag{2-5}$$

2.4.17 介电性能测试

采用 LCR 分析仪，在室温下从 50Hz 到 10^7 Hz 下测试样品的电容值（C），相对介电常数用下式计算：

$$\varepsilon_r = \frac{Ct}{A\varepsilon_0} \tag{2-6}$$

式中 ε_r——样品的介电常数；

C——测量的电容值；

ε_0——真空介电常数，且 $\varepsilon_0 = 8.854187817 \times 10^{-12}$ F/m；

A——极板面积；

t——试样厚度。

介电损耗可直接由仪器测得。

2.4.18 压电性能测试

将测试圆片两侧均匀涂覆导电银胶，并利用耐压测试仪进行在 90℃硅油浴中加载高压 6kV/mm 极化 20min。将极化后的制件正反面粘上双面导电铝箔，连接到实验装置的铁板上，其位置正对着撞击头。通过线性马达按照一定周期撞击薄片，产生的电信号经放大输出到计算机，最终可以获得制件的开路电压和短路电流。采用 ZJ-3A 型的 pizo-d33 仪（中国）测试材料的压电系数。

参考文献

[1] 王琪，徐僖．磨盘形力化学反应器及其在高分子材料制备中的应用［J］．高等学校化学学报，1997，18（7）：1197~1201.

[2] Chen Z, Liu C, Wang Q. Solid-phase preparation of ultra-fine PA6 powder through pan-milling [J]. Polymer Engineering & Science, 2001, 41 (7): 1187~1195.

[3] Shao W, Wang Q, Wang F, et al. Polyamide-6/natural clay mineral nanocomposites prepared by solid-state shear milling using pan-mill equipment [J]. Journal of Polymer Science Part B: Polymer Physics, 2006, 44 (1): 249~255.

[4] Wei P, Bai S. Fabrication of a high-density polyethylene/graphene composite with high exfoliation and high mechanical performance via solid-state shear milling [J]. RSC Ad-

vances, 2015, 5 (114): 93697~93705.

[5] Yang S, Bai S, Wang Q. Morphology, mechanical and thermal oxidative aging properties of HDPE composites reinforced by nonmetals recycled from waste printed circuit boards [J]. Waste Management, 2016, 57: 168~175.

[6] Yang S, Bai S, Wang Q. Sustainable packaging biocomposites from polylactic acid and wheat straw: Enhanced physical performance by solid state shear milling process [J]. Composites Science and Technology, 2018, 158: 34~42.

[7] Liu P, Chen W, Jia Y, et al. Fabrication of poly (vinyl alcohol)/graphene nanocomposite foam based on solid state shearing milling and supercritical fluid technology [J]. Materials & Design, 2017, 134: 121~131.

[8] Zhu W, Yan C, Shi Y, et al. Study on the selective laser sintering of a low-isotacticity polypropylene powder [J]. Rapid Prototyping Journal, 2016.

[9] Han Q, Setchi R, Evans S L. Characterisation and milling time optimisation of nanocrystalline aluminium powder for selective laser melting [J]. The International Journal of Advanced Manufacturing Technology, 2017, 88 (5~8): 1429~1438.

[10] Freeman R. Measuring the flow properties of consolidated, conditioned and aerated powders—a comparative study using a powder rheometer and a rotational shear cell [J]. Powder Technology, 2007, 174 (1~2): 25~33.

[11] Zhou C, Wang K, Fu Q. Toughening of polyamide 11 via addition of crystallizable polyethylene derivatives [J]. Polymer International, 2009, 58 (5): 538~544.

3 不同粉体的流动和堆积特性及与激光的作用关系

3.1 引 言

选择性激光烧结（SLS）作为一种非传统的先进加工技术，在制备具有复杂形状、多层次结构以及多功能制件方面极具竞争优势和发展潜力[1,2]。高分子材料以其独特的结构和性能，成为目前 SLS 加工中最常用的原料。SLS 是一种基于粉体成型的 3D 打印技术，粉体的制备是关键，目前主要有机械法、溶剂法以及相分离法等[3,4]，不可避免地存在液氮或有机溶剂消耗大、易造成环境污染和产率低等问题，制约了 SLS 技术的发展和应用。因此，建立和发展高效节能、环境友好且能规模化制备 SLS 用聚合物粉体的方法是推动 SLS 技术不断向前发展的源动力，可有效解决 3D 打印原料价格昂贵和打印成本高等难题。

固相剪切碾磨技术是江西理工大学生物增材制造研究所基于其自主发明专利设备磨盘形力化学反应器发展起来的新技术[5,6]。与常规粉碎设备不同，该设备可提供强大的三维剪切力场，能有效实现高分子材料在室温下的规模化超细粉碎[7]，生产过程不消耗液氮或溶剂，在制备用于 SLS 加工的粉体方面极具优势和潜力。前期研究表明，通过磨盘形力化学反应器得到的聚合物粉体颗粒大多呈片状或棒状[8,9]，可能会降低粉体的流动性和堆积密度。虽然粉体颗粒的几何形状对其流动性和堆积密度的影响已有研究，但这些研究工作所选用的粉体多为球形或接近球形的颗粒，难以全面反映粉体几何特征参数与其流动和堆积特性之间的关系[11,12,14]。此外，对于粉体颗粒几何特征的描述多采用光学显微镜或扫描电镜等技术手段，这些技术一方面工作量较大，耗时耗力；另一方面所取的颗粒样本数量较少，难以真实准确地定量描述粉体颗粒的几何特征[13]。因此，全面建立粉体颗粒几何特征与粉体流动和堆积特性的定量关系不仅能为 SLS 原料的选择提供科学指导，还可为粉体的性能调控提供理论支撑，具有重要的理论和实际意义。

SLS 加工过程中，粉体材料对激光的吸收除了受自身性能的影响，还与粉体颗粒的几何形状、尺寸分布和排列方式有关，而目前关于粉体颗粒几何特征对激光吸收性能影响的研究较少。因此，为更全面揭示粉体颗粒几何特征对 SLS 加工过程和最终成型制件的影响机理，本章通过动态颗粒图像粒度粒形测量装置、多功能粉体流动仪（FT4）以及单层烧结等方法定量描述了粉体颗粒的几何特征参数及与粉体堆积和流动特性之间的关系，揭示粉体颗粒几何特征与激光间的相互作用关系，研究了颗粒几何特征对 SLS 成型制件的力学和尺寸精度的影响。

3.2 颗粒尺寸和几何形状对粉体流动和堆积特性的影响

3.2.1 粉体颗粒的粒径及粒径分布

图 3-1（a）为粉体的粒径及粒径分布，通过软件处理可获得其相应的 D_{10}、D_{50} 和 D_{90} 值，见表 3-1。其中 D_{10} 表示粉体含量小于 10%时的粒径；D_{50} 表示粉体含量小于 50%时的粒径，也称为粉体的平均粒径；D_{90} 表示粉体含量小于 90%时的粒径。

通过图 3-1（a）和表 3-1 可以看出，片状 PA11 粉体、棒状 PA11 粉体、经 100 目（147μm）滤网筛分的块状 PA11 粉体以及华曙商用 PA12 粉体的平均粒径基本相同。通过跨度（*Span*）可以描述粉体的粒径分布，如式（3-1）所示[15]：

$$Span = \frac{D_{90} - D_{10}}{D_{50}} \tag{3-1}$$

但上述方法得到的粒径分布比较粗略。目前很多数学模型可以描述粉体的粒径分布，Rosin-Rambler 分布函数[16]是目前最常用的数学模型，尤其适用于描述通过研磨、碾磨和机械粉碎得到的粉体的粒径分布。本研究采用 Rosin-Rambler（RR）分布函数来表征粉体材料的粒径分布，其方程式为：

$$R(d) = 100 - \phi = 100\exp\left[-\left(\frac{d}{d_e}\right)^n\right] \tag{3-2}$$

式中 $R(d)$——粉体颗粒的粒径分布函数；

d——颗粒粒径；

d_e——特征粒径；

n——反映粉体颗粒的粒径分布宽度，粒径分布越窄，n 值越大。

上述的表达式可转换为：

$$\lg\{\lg[100/R(d)]\} = n\lg d + M_1 \tag{3-3}$$

式中 M_1——常数。

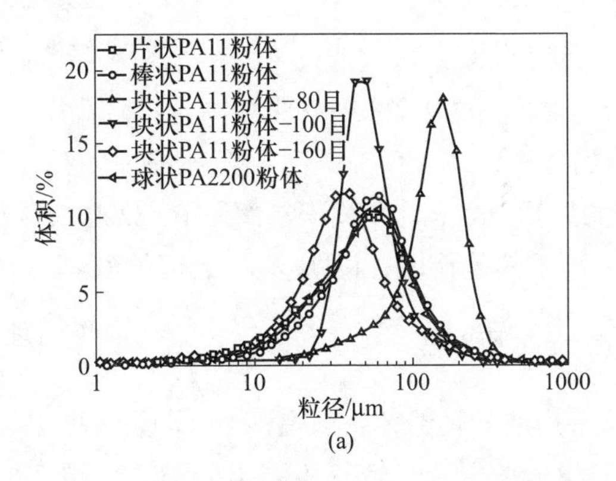

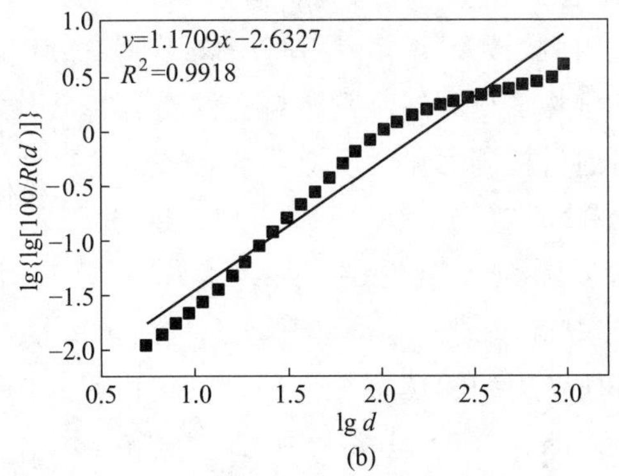

图 3-1 用激光衍射得到的粉体的累积粒径分布（a）和粉体的 $\lg\{\lg[100/R(d)]\}$ 与 $\lg d$ 之间的关系（b）

表 3-1 尼龙粉体的物理性能

材 料	D_{10}/μm	D_{50}/μm	D_{90}/μm	n
片状 PA11 粉体	13.8	46.2	150.6	1.16

续表3-1

材　料	D_{10}/μm	D_{50}/μm	D_{90}/μm	n
棒状 PA11 粉体	18.9	51.2	159.7	1.25
块状 PA11 粉体-80 目	56.4	141.6	220.4	2.17
块状 PA11 粉体-100 目	15.3	46.7	140.4	1.17
块状 PA11 粉体-160 目	15.6	37.6	97.1	1.54
球形 PA2200 粉体	31.4	47.3	116.1	2.30

若粉体的 $\lg\{\lg[100/R(d)]\}$ 和 $\lg d$ 呈现线性关系，那么粉体粒径分布符合 Rosin-Rambler 分布函数，通过直线斜率可获得粉体的 n 值。图 3-1（b）可以看出 RR 模型与粉体的 PSD 曲线吻合度较高。

表 3-1 中给出各种粉体 n 值，大部分粉体的 n 值处于 1.1~1.5 之间，而经 80 目筛分的块状 PA11 粉体和华曙商用 PA2200 粉体颗粒的 n 值分别为 2.17 和 2.3，高于其他粉体，说明这类粉体的粒径分布较窄。

3.2.2　粉体颗粒的微观形貌

由于本实验采用的六种粉体，只有四种不同形貌，因此在下面的几何形状分析部分，我们只研究这四种粉体。图 3-2 为三种不规则形状的 PA11 粉体（片状、棒状以及块状）和商用球形 PA2200 粉体颗粒的 SEM 图。江西理工大学生物增材制造研究所自主发明的磨盘形力化学反应器具有独特的结构，可通过控制力化学反应器的碾磨压力得到片状和棒状的尼龙 11 粉体，分别如图 3-2(a)、(a-1)、(b)和(b-1) 所示，从图中可以看出，片状 PA11 粉体颗粒棱角尖锐，边缘有微小的毛刺。而对于棒状 PA11 粉体，虽然形状无规则，但是毛刺较少且出现少量的球形度较好的小颗粒。深冷粉碎所获得的粉体形貌无规则，粉体颗粒的表面相对光滑，无明显毛刺出现，如图 3-2(c)和(c-1)所示。华曙商用 PA2200 粉体是采用溶剂沉淀法制得，微观形貌如图 3-2(d)和(d-1)所示，可见粉体颗粒接近球形。虽然通过 SEM 可以直接观察到粉体的表面形态，但是无法描述粉体的多维特性，因此本实验通过动态颗粒图像粒度粒形测量装置来定量描述这些粉体的几何特征。

3.2.3　粉体颗粒的几何特征

传统的颗粒几何特征分析方法主要是通过结合光学显微镜、摄像机以

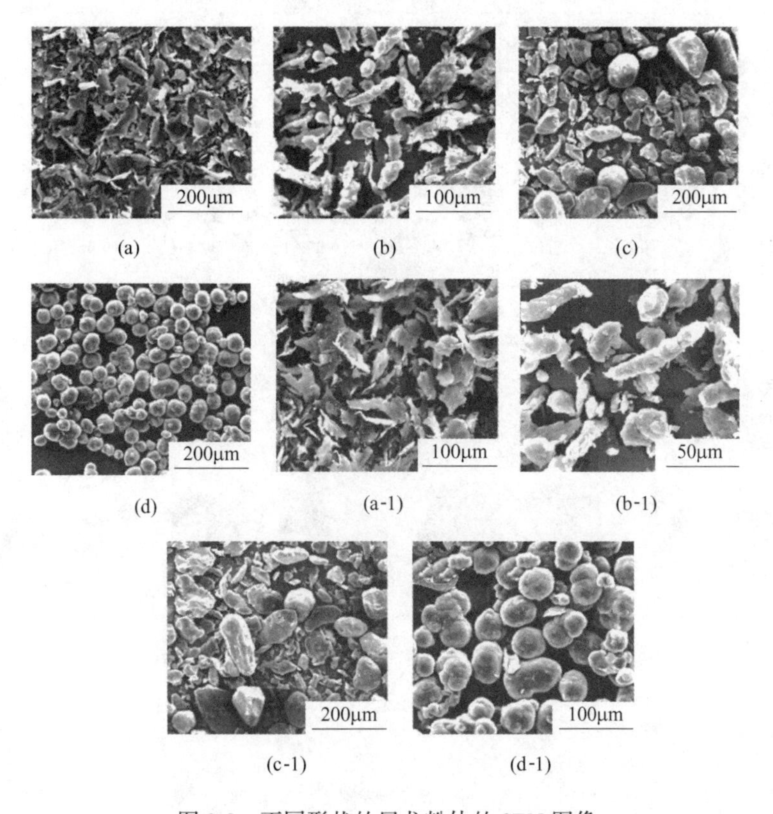

图 3-2 不同形状的尼龙粉体的 SEM 图像

(a) 片状 PA11 粉体；(b) 棒状 PA11 粉体；(c) 块状 PA11 粉体-100 目；(d) 球形 PA12 粉体；(a-1)～(d-1) 分别为 (a)～(d) 对应的高倍 SEM 图像

及图像分析仪等，来测量粉体颗粒的二维结构信息，但该方法只能单独测量粒群的某一特征，样本数量少，不具有统计意义，无法反映粉体颗粒实际的几何特征参数[17]。动态颗粒图像粒度粒形测量装置能通过 CCD 镜头瞬时捕捉上千颗粉体颗粒的几何特征，然后通过图像数字化分析得到颗粒的粒度和形态信息。该方法具有采样量大，无取向误差，颗粒分散度高以及效率高等优点，可真实反映粉体颗粒的几何形状特征[18]。基于图像的颗粒测量方法都要求被测物体必须在成像系统的景深范围内，从而获得清晰准确的图像。对于特定的光学系统，其景深是一定的，因此当成像区域超出景深范围时，颗粒图像就会产生离焦模糊现象。因此，在测试过程中，我们通过边缘检测，剔除离焦模糊的样品颗粒，保证测试的准确性和有效性。图 3-3 选取了部分通过动态颗粒图像粒度粒形测量装置获得的四

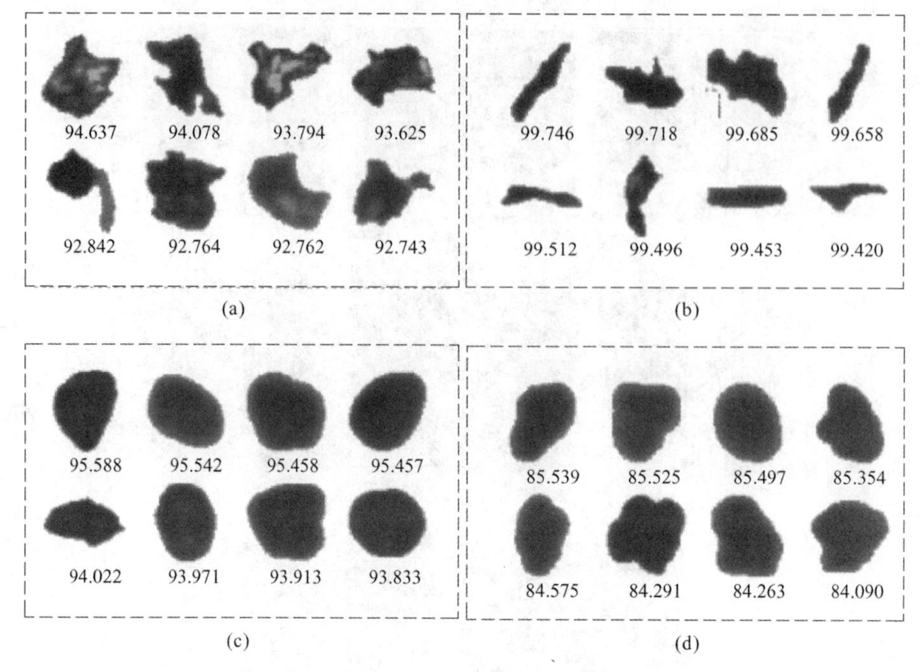

图 3-3 从形态学 G3S 获得的颗粒图像

(a) 片状 PA11 粉体；(b) 棒状 PA11 粉体；(c) 块状 PA11 粉体-100 目；(d) 球形 PA12 粉体

种尼龙粉体颗粒的照片，颗粒下面对应的数字为其粒径大小，颗粒边缘清晰，无离焦模糊现象，说明该方法能够准确地捕捉粉体颗粒的棱角信息，量化颗粒的形状特征。

通过软件对镜头捕捉到的颗粒信息进行分析，可以得到粉体颗粒不同的特征参数，如长宽比、圆形度、球形度、圆角度以及固性等。下面列举了描述颗粒几何特征的几个最常见的参数[19]：

(1) 长宽比是表征颗粒的伸长属性，定义为 $e=L/W$，其中 L 为颗粒的长径，W 为短径距离，颗粒的长宽比 $e\geqslant1$。当颗粒的投影轮廓越接近于正方形或圆形，长宽比 e 越接近于 1；反之，当颗粒轮廓越趋于狭长形、扁平形，扁平度 e 越大。

(2) 圆形度（Circularity）是表征颗粒投影面积接近圆形程度的重要指标，指具有与颗粒轮廓面积（A）相等的标准圆的周长与颗粒轮廓周长（P）的比值[20]：

$$C=\frac{4\pi A}{P^2} \tag{3-4}$$

颗粒的圆形度 $C \leqslant 1$。当颗粒为标准圆时，圆形度为1，而细长形的颗粒的圆形度接近于0。

（3）球形度（φ）（Sphericity）为与粉体颗粒等体积的球体表面积和颗粒表面积之比，具体为面积等于颗粒投影面积的圆的直径（D_i）和颗粒投影圆最小外接圆的（D_c）比值的平方根：

$$\varphi = \sqrt{\frac{D_i}{D_c}} \tag{3-5}$$

（4）固性（Solidity）为测得的面积 A 除以相应的凸起面的面积。颗粒的固性值越大，颗粒的表面就越光滑，较低的固性值表示颗粒表面具有不规则和凸起的颗粒，如薄片、细颗粒以及向外延长的棱角。

（5）圆角度（Roundness）表示颗粒棱角的磨损程度。对于棱角非常圆的颗粒其圆角度接近于1，而对于棱角尖锐的不规则形状的颗粒的圆角度接近于0。

$$R = \frac{r_1 + r_2 + r_3 + \cdots + r_n}{RN} \tag{3-6}$$

式中 r——凸起部分的半径；

RN——整个颗粒的直径。

3.2.3.1 粉体颗粒的扁平度-球形度

图3-4为不同形状的尼龙粉体的长宽比和球形度的关系。从图3-4（a）和（b）中可以看出，片状PA11粉体和棒状PA11粉体的扁平度-球形度呈狭长的带状分布，出现明显的“拖尾”现象，而块状PA11粉体的长宽比-球形度分布相对变窄，对于接近球形的PA12粉体的长宽比-球形度的区域进一步减小。

图3-5（a）~（d）为不同形状的尼龙粉体的长宽比，四种粉体的长宽比都呈正态单峰分布，且长宽比 $e \geqslant 1$。如图3-5（a）所示，片状粉体的长宽比处于1~4范围内，其平均值约为1.5。棒状粉体的长宽比处于1~3.5范围内，其平均值约为1.5（图3-5（b）），说明通过固相剪切碾磨技术得到的粉体具有明显的伸长特性。通过深冷粉碎获得的块状PA11粉体的长宽比处于1~3范围内，其平均值约为1.3，说明该方法制备的粉体长宽比降低（图3-5（c））。而PA12粉体的长宽比处于1~2范围内，其平

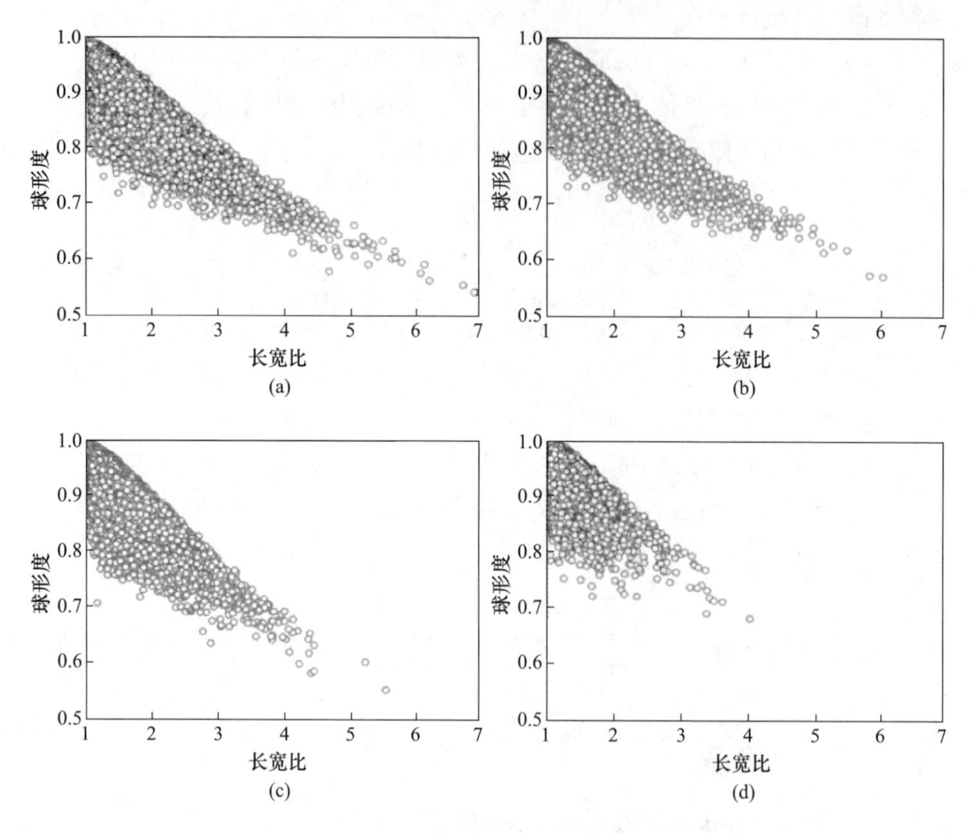

图 3-4　尼龙粉体颗粒的长宽比与球形度的关系

（a）片状 PA11 粉体；（b）棒状 PA11 粉体；

（c）块状 PA11 粉体-100 目；（d）球形 PA12 粉体

均值约为 0. 5，分布较窄，说明该粉体越来越接近球形（图 3-5（d））。

图 3-5（e）~（h）为不同形状的尼龙粉体的球形度，三种 PA11 粉体的球形度呈正态单峰分布，而 PA12 呈双峰分布。如图 3-5（e）和（f）所示，片状和棒状 PA11 粉体的球形度基本处于 0. 65~0. 97 范围内。但相比于片状粉体，棒状粉体的平均球形度由 0. 85 上升至 0. 9，这主要是棒状粉体中存在粒径较小的颗粒，当扁平度小到一定程度时，其球形度会明显增加。块状 PA11 粉体的球形度处在 0. 73~0. 99 范围内，且平均球形度为 0. 93 左右。对于商用 PA12 粉体，其球形度呈双峰分布，处于 0. 8~0. 9 范围内，平均球形度达到 0. 95 左右。

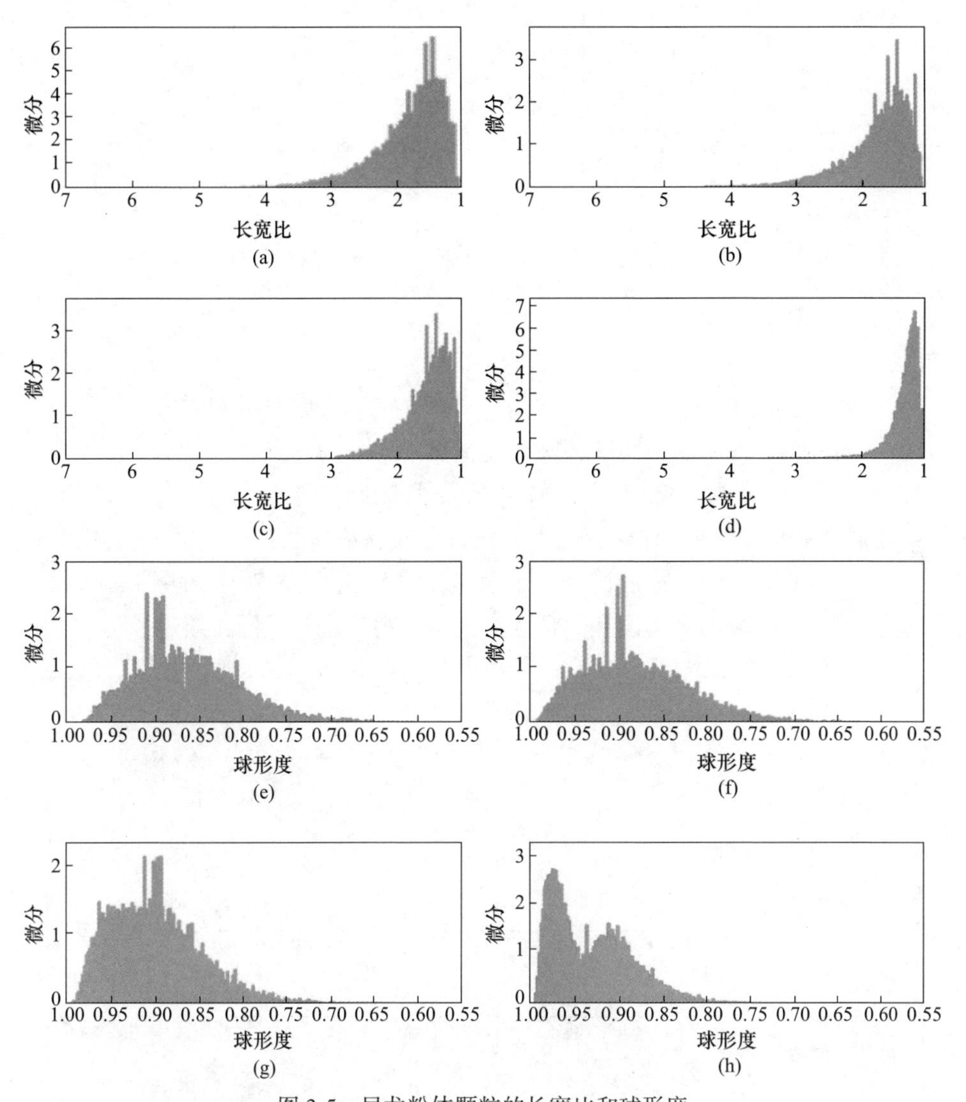

图 3-5 尼龙粉体颗粒的长宽比和球形度

3.2.3.2 粉体颗粒的圆角度-圆形度

粉体颗粒的圆角度和圆形度的关系如图 3-6 所示。从图中可以看出，近乎完美的球形颗粒兼具较高的圆角度和圆形度，类椭圆形颗粒具有较高的圆角度和较低的圆形度，棱角尖锐但整体呈圆形的颗粒具有较高的圆形度和较低的圆角度，狭长形或扁平状颗粒具有较低的圆角度和圆形度。

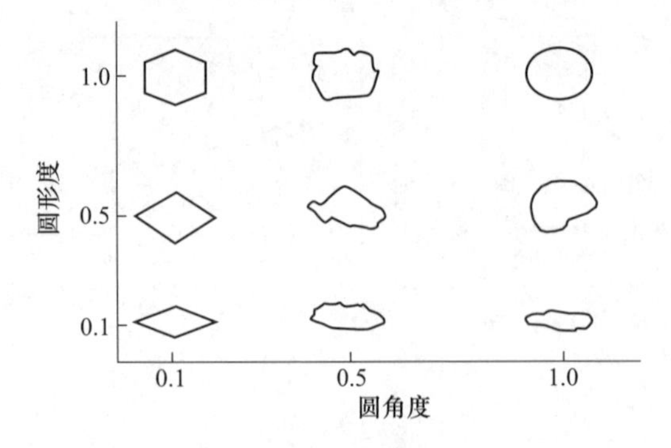

图 3-6 圆角度和圆形度

四种粉体颗粒的圆角度和圆形度的关系如图 3-7 所示。片状 PA11 颗粒和棒状 PA11 颗粒都表现出较低的圆角度和圆形度（图 3-7（a）和（b）），说明这两种粉体中存在大量狭长形或扁平形的颗粒。块状 PA11 粉体（图 3-7（c））颗粒的圆角度和圆形度稍微改善。对于商用 PA12 粉体，其具有较高的圆形度和圆角度，说明该粉体颗粒较圆，接近球形。

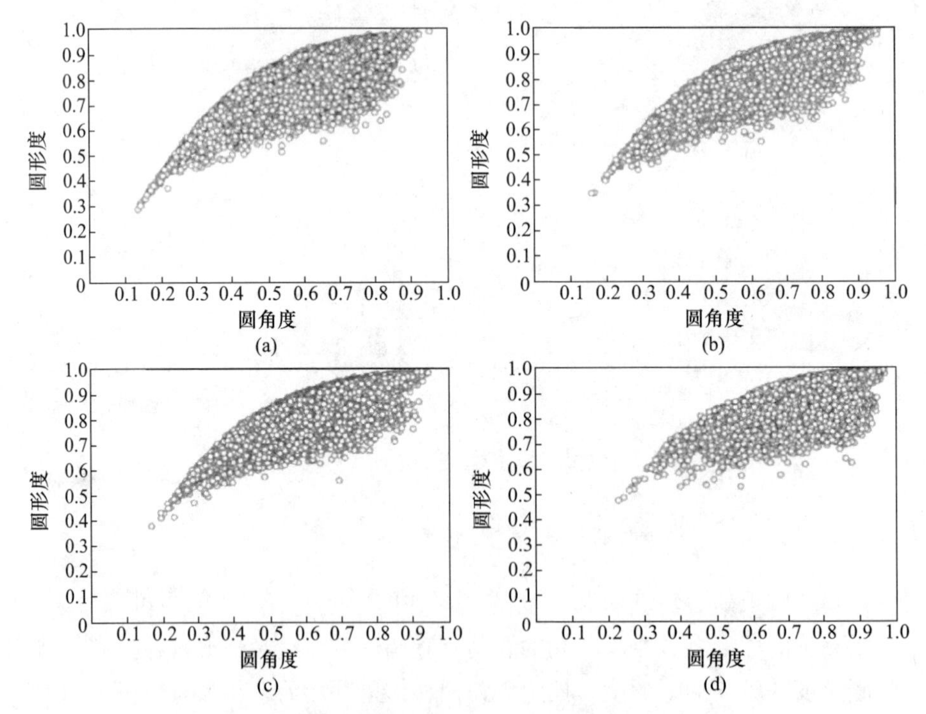

图 3-7 尼龙粉体颗粒的圆角度和圆形度的关系

（a）片状 PA11 粉体；（b）棒状 PA11 粉体；（c）块状 PA11 粉体-100 目；（d）球形 PA12 粉体

四种粉体颗粒的圆角度如图 3-8（a）~（d）所示。从图中可以看出，片状 PA11 粉体（图 3-8（a））、棒状 PA11 粉体（图 3-8（b））以及块状 PA11 粉体（图 3-8（c））的圆度值处于 0.2~0.9 范围内，但是相比片状 PA11 粉体的平均圆度值 0.55，棒状 PA11 粉体的平均圆度值为 0.6，块状 PA11 粉体的平均圆度值 0.65，说明块状 PA11 粉体的磨损程度更明显，表面棱角相对减弱。商用 PA12 粉体（图 3-8（d））颗粒的圆度值处

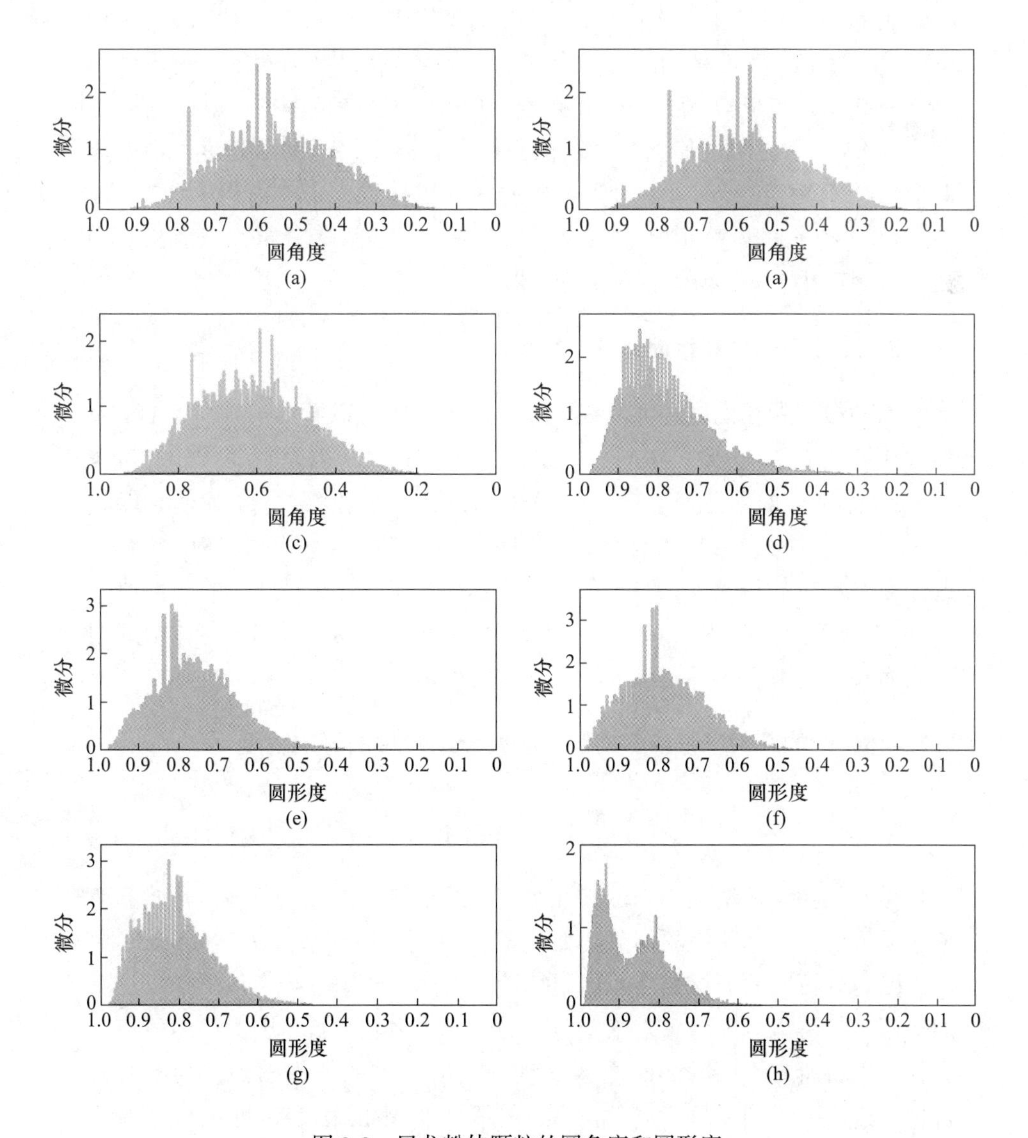

图 3-8 尼龙粉体颗粒的圆角度和圆形度

于0.4~0.95范围内，且大部分粉体圆角值分布在0.6~0.95范围内，说明该粉体具有较低的表面粗糙度，有效降低了粉体在流动过程中的内摩擦和机械咬合，同时降低粉体在堆积过程中的架桥作用，有利于提高粉体的流动性和堆积特性。

四种粉体颗粒的圆度值如图3-8（e）~（h）所示。从图中可以看出，片状PA11粉体（图3-8（e））和棒状PA11粉体（图3-8（f））处于0.4~0.97范围内，但是相比片状PA11粉体的平均圆度值0.75，棒状PA11粉体（图3-8（g））的平均圆度值为0.8，稍有提高，这与扫描电镜得到的结果一致。块状PA11粉体的圆度值处于0.4~0.97范围内，其平均圆度值为0.85左右，圆度值主要是表征颗粒投影面积接近圆形程度，说明块状PA11粉体相比于另外两种形状的粉体，更接近圆形。商用PA12粉体（图3-8（h））的圆度值处于0.65~1范围内，呈双峰分布，峰形相对尖锐，说明商用PA12粉体颗粒接近球形。

3.2.3.3 粉体颗粒的固性

四种粉体颗粒的固性如图3-9所示。从图中可以看出，片状PA11粉体（图3-9（a））、棒状PA11粉体（图3-9（b））以及块状PA11粉体（图3-9（c））的固性处于0.9~1范围内，相比于片状PA11粉体和棒状PA11粉体，块状PA11粉体的固性向较高值移动，说明该粉体中含有凸起表面的颗粒数目较少。对于商用PA12粉体（图3-9（d））的固性值处于0.92~1范围内，呈双峰分布，平均固性达到0.98，说明该粉体中的颗粒表面相对光滑，向外延长的棱角相对较少。

3.2.4 颗粒的几何特征参数对粉体初始流动特性的影响程度

3.2.4.1 颗粒的几何特征参数对粉体初始流动特性的影响程度

粉体的初始流动性是判定其开始流动的临界条件，反映粉体开始流动的难易程度。通常研究粉体的初始流动特性是将粉体假设为连续的介质，采用受力分析来研究该固体的屈服特性，粉体在自由堆积条件下任意一点的作用力都可以分解为垂直于受力面的法向应力和平行于受力面的剪切应力，如果将所有平面的法向应力 σ 和剪切应力 τ 的值作图，这些点的轨迹将会构成一个圆，这个圆称为Mohr圆[21]。Mohr圆表示堆积粉体内部某点在各个方向上可能的受力方向。一个Mohr圆与 σ 轴有两个交点，表

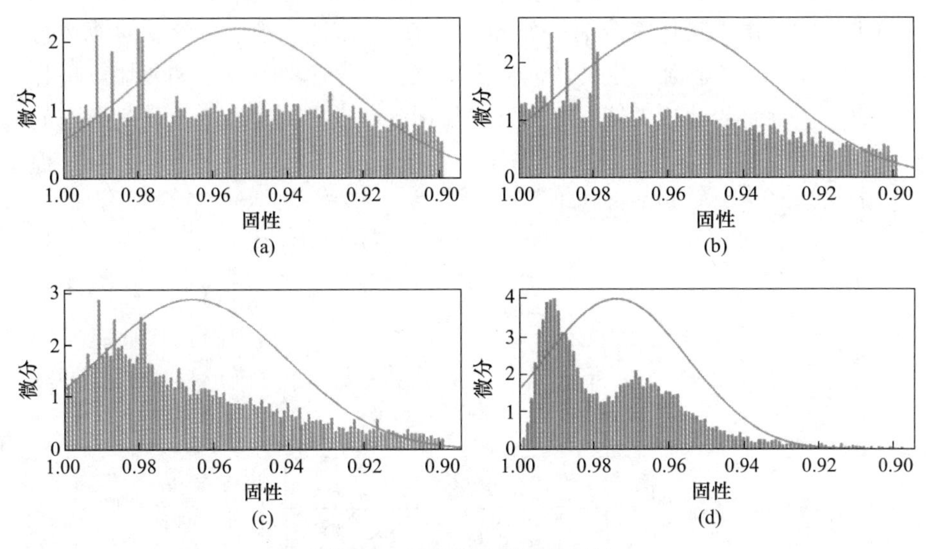

图 3-9　尼龙粉体颗粒的固性

（a）片状 PA11 粉体；（b）棒状 PA11 粉体；

（c）块状 PA11 粉体-100 目；（d）球形 PA12 粉体

示两个只受法向应力而不受剪切力的两个平面，这两个平面对应的为该粉体的主平面，对应的两个法向应力为主应力。通过 Mohr 圆可获得一系列粉体的流动特性参数。当垂直于粉体料柱上的法向应力达到一定值时，粉体料柱将崩塌屈服，该应力定义为无侧界屈服应力（Unconfined Yield Strength，σ_c），且粉体料柱发生崩塌屈服的点定义为初始流动点，此时，粉体发生了不可逆的屈服形变。因而，自由堆积的粉体存在一个临界屈服应力，当外力大于该临界屈服应力时，粉体将发生流动变形。粉体的 σ_c 和粉体的初始状态是有关的，对于有较大堆积密度和受到较大压缩应力的粉体，其无侧界屈服应力也就越大。目前，粉体屈服性质测试的主要方法有三种：单轴压缩测试、Jenike 剪切测试以及旋转剪切测试。对于无侧界屈服应力小的粉体不适宜采用单轴压缩测试，这是因为该类粉体的黏性小，无法形成稳定的料柱。Jenike 剪切测试操作过程复杂，要求较高，且不适用于需要很大变形才能稳定流动的粉体。而旋转剪切测试过程简单，中间不需要更换样品，是测试粉体屈服性质的最佳方法[22~24]。

旋转剪切测试主要用于评估粉体在出料过程中的流动性。该测试最初是用来设计料斗，料斗中的固结粉体在出料过程中为螺旋运输，表现出一定的剪切力。剪切应力测试能够表征粉体由静态向动态转变过程中的复杂流动行为。由于粉体本身有一定重力，在模拟实际过程中粉体的剪切行为，需要对粉体施加一定的法向应力来产生一个剪切平面。SLS 加工过程是采用滚筒将粉体均匀铺在成型缸，粉体在滚筒转动过程中会产生一定的剪切力，如图 3-10 所示。研究粉体的初始流动行为对 SLS 加工过程可提供有效的技术手段和理论依据。

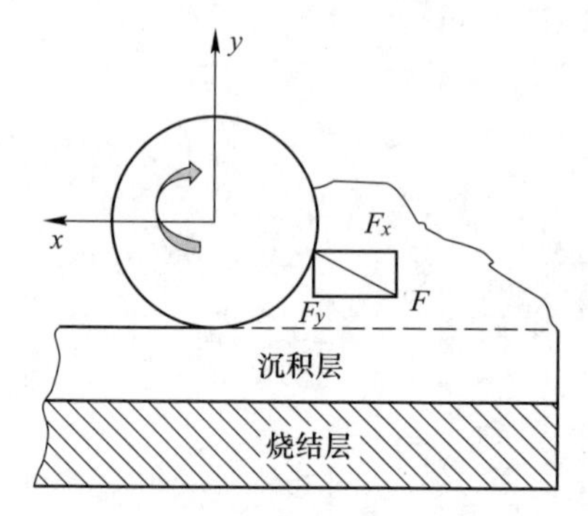

图 3-10　粉体在沉积过程中的应力分析

旋转剪切测试单元主要由剪切头和盛装样品的容器组成，如图 3-11（a）所示。剪切头（图 3-11（b））可同时对粉体施加法向应力和剪切应力，剪切头在进入粉体的过程中会对粉体施加一定的法向应力，剪切头持续向下直到达到所需的正应力 σ，保持正应力不变，剪切头将缓慢旋转对粉体施加剪切力，直到粉床层减损得到该正应力下的最大剪切应力，也称为粉体的屈服点或减损点。每个剪切循环包括预剪、稳定、剪切三个过程，测试完成后改变正应力重复上述过程，从而可获得两个 Mohr 圆、屈服轨迹和有效屈服轨迹。结合测试结果和 Mohr-Coulomb 方程进行线性回归，相应固结应力下的屈服轨迹可通过下式计算：

$$\tau = \sigma \tan\varphi_i + C \tag{3-7}$$

通过上述公式可得到内聚力（Cohesion，C）和内摩擦角（Angle of Internal Friction，φ_i）。

不同的预压缩应力将得到不同的屈服轨迹。每一条屈服轨迹都可以得到一组无侧界屈服强度 σ_c 和最大主应力（Major Principal Stress，σ_1）。粉体的流动函数可通过多组的无侧界屈服强度和最大主应力得到。流动函数（Flow Function，ff）[25] 是流动系数的倒数，即：

(a)

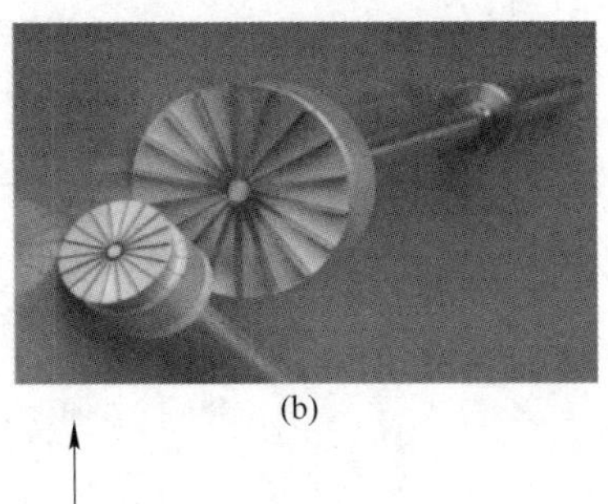

(b)

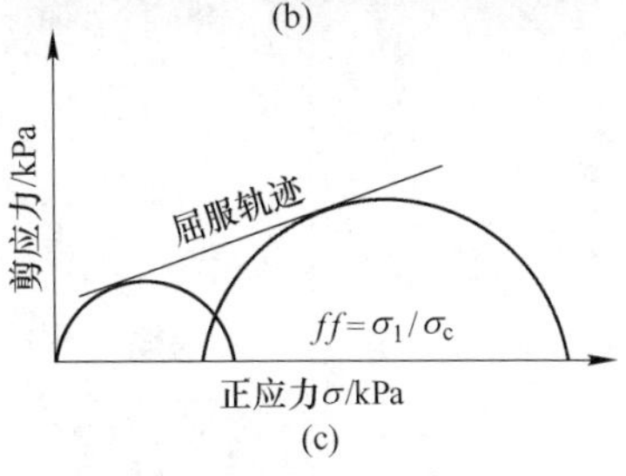

(c)

图 3-11 FT4 的剪切单元（a），剪切头（b）和剪切应力与正应力的关系（c）

$$ff=\sigma_1/\sigma_c \tag{3-8}$$

其中最大主应力可以通过内聚力、内摩擦擦角以及预剪切点的坐标值（σ_p，τ_p）计算出来[26]：

$$\sigma_1 = (1+\sin\varphi_i)\frac{A-\sqrt{A^2\sin^2\varphi_i-\tau_p\cos^2\varphi_i}}{\cos^2\varphi_i}-\frac{\tau_1}{\tan\varphi_i} \tag{3-9}$$

$$A=\sigma_p+\frac{C}{\tan\varphi_i} \tag{3-10}$$

图 3-12 为各尼龙粉体在固结应力 15kPa 下的屈服曲线和相应的 Mohr 圆。通过 Mohr-Coulomb 方程进行线性回归可以得到各粉体的相关参数，列于表 3-2。

粉体的内聚力 C 表示在预固结正应力为 nkPa 条件下，零正应力时所对应的剪切强度，反映粉体颗粒之间的相互作用。从表 3-2 中可以看出，粉体的几何形状对内聚力 C 的影响明显高于粒径，内聚力随颗粒球形度的提高而明显降低，特别是球形 PA12 粉体的内聚力基本可以忽略。粉体的内聚力随粒径的减小而增大，相比另外两种粒径的块状 PA11 粉体，经

80 目筛分的块状 PA11 粉体的内聚力为 0.654kPa，基本可以忽略，这主要是颗粒的粒径越大，相邻颗粒的中心距离增大，导致颗粒间的范德华力降低。

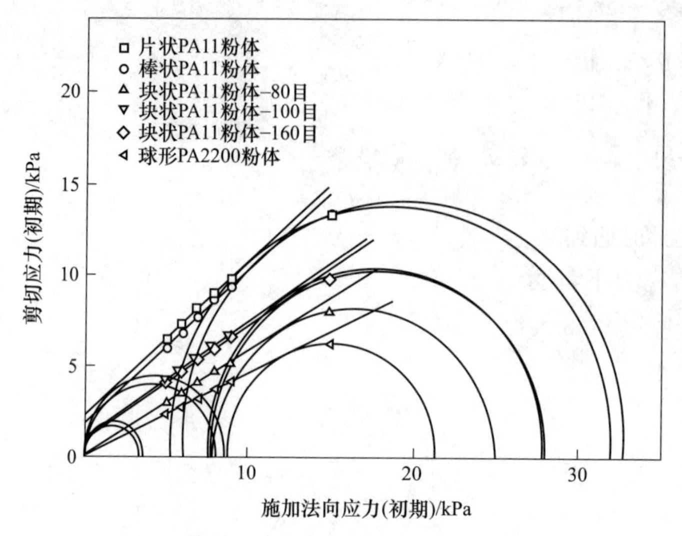

图 3-12　剪切应力与所施加法向应力的函数

表 3-2　尼龙粉体的剪切性能

样　品	C/kPa	σ_c/kPa	ff	φ_i/(°)	ε/g · mL^{-1}
片状 PA11 粉体	1.89	8.29	4.01	40.9	0.139
棒状 PA11 粉体	1.75	7.60	4.49	40.6	0.295
块状 PA11 粉体-80 目	0.0815	0.144	167	30.4	0.523
块状 PA11 粉体-100 目	0.654	2.44	11.0	33.7	0.556
块状 PA11 粉体-160 目	0.805	2.94	9.20	32.6	0.497
球形 PA12 粉体	0.0506	0.156	141	24.1	0.670

对于粒径不同的块状 PA11 粉体，内摩擦角 φ_i 基本在 30°左右，意味着粒径对粉体的内摩擦角影响不大；而对于几何形状不同的尼龙粉体，片状或棒状 PA11 粉体的内摩擦角 φ_i 在 40°左右，球形 PA12 粉体的内摩擦角 φ_i 只有 24.1°，这主要是粉体颗粒的几何形状越规则，棱角或毛刺越少，颗粒间的机械咬合或内摩擦作用越小，有利于粉体的流动。以上结果

表明，粉体的内摩擦角主要受颗粒几何形状的影响，粒径影响不大。由于粉体颗粒的内聚力和内摩擦作用的共同作用，粉体的无侧界屈服应力 σ_c、流动函数 *ff* 和堆积密度 ε 也表现出对颗粒形状的依赖性。

Jenike 等[27]通过 *ff* 值将粉体的流动性分为五个级别：$ff<1$，不流动区域；$1<ff<2$，极黏区域；$2<ff<4$，黏性区域；$4<ff<10$，容易流动区域；$10<ff$，自由流动区域。各粉体在不同预固结应力下的流动函数如图 3-13 所示。可见，粉体的无侧界屈服应力随预固结应力的增大而增大，这主要是粉体在较大的预压缩应力下，粉体颗粒之间的空隙减小，从而刀片在通过粉体内部时遇到的阻力变大。片状和棒状 PA11 粉体的流动函数在任意的预固结应力下都处于容易流动区域，而对于块状 PA11 粉体和商用 PA12 粉体的流动函数在任意固结应力下都处于自由流动区域，因此粉体颗粒的形状越规则，粉体越容易流动。

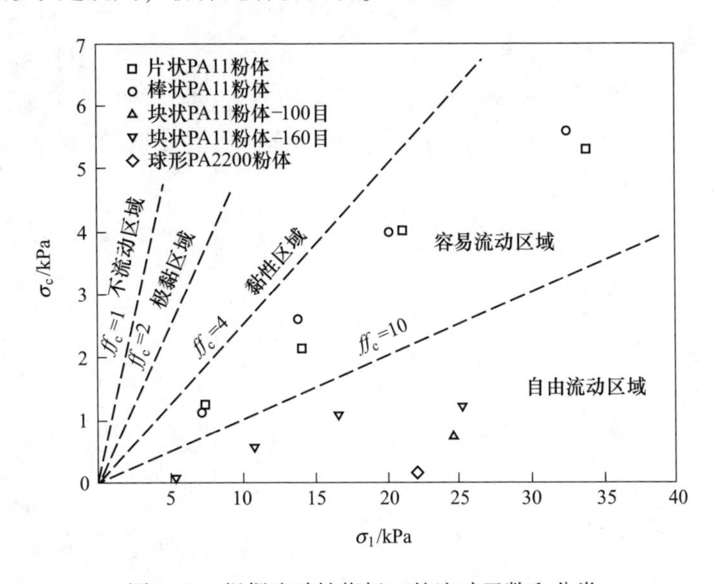

图 3-13 根据流动性指标 *ff* 的流动函数和分类

3.2.4.2 颗粒的几何特征参数对粉体初始流动特性影响的理论分析

为了更深入理解颗粒的几何特征对粉体初始流动性的影响机理，我们从理论上分析了粉体开始流动的条件。Li 等[28]提出了判定粉体开始流动的定量模型，即当自由堆积的粉体颗粒的自身重力大于其颗粒间极限拉伸强度时，粉体将会发生塑性变形（不可逆形变）开始流动：

$$\rho_{\text{particle}} d^3 g \geqslant \frac{\alpha a}{\varepsilon} = \frac{\gamma^{1/3}}{\sqrt[3]{12\pi^2 h_r (1-\nu^2)^2 E^2}} \times \frac{a}{\varepsilon} \tag{3-11}$$

式中 ρ_{particle}——粉体颗粒的密度；

d——粉体颗粒的直径；

γ——粉体颗粒的表面能；

ν——泊松比；

h_r——颗粒的表面粗糙度；

E——颗粒的杨氏模量；

ε——松装粉床的孔隙率（主要依赖于粉体颗粒的尺寸和形状）；

a——单个颗粒-颗粒接触时颗粒间平均接触表面积；

α——黏着性。

该模型仅仅考虑了粉体颗粒间只存在范德华力和重力两种作用，没有考虑颗粒-颗粒间的接触面积，颗粒间的接触面积对粉体的流动性有着重要的影响，因此该模型不能准确判定几何形状复杂的粉体的初始流动性。

对于球形度为 ϕ 的非球形颗粒粉体，其极限拉伸强度可通过以下公式来计算[29]：

$$\sigma = \frac{c\pi}{\phi} \times \frac{1-\varepsilon}{\varepsilon} \times \frac{F_H}{d_t^2} \tag{3-12}$$

式中 F_H——颗粒-颗粒间黏结力；

d_t——垂直于拉伸载荷的方向上的单个颗粒的厚度；

ε——粉床的孔隙率；

c——比例常数。

对于相同大小的非球形颗粒的均匀的无规则堆积，非球形颗粒的平均截面积可以近似为其表面直径 d_{SV}：

$$A_{ave} = \frac{\pi}{6} d_{SV}^2 \tag{3-13}$$

截面的平均粒子数为：

$$n\frac{\pi}{6} d_{SV}^2 = (1-\varepsilon) A_{total} \tag{3-14}$$

式中 A_{total}——总横截面。

因此，每个颗粒传递的平均张力 F_T 为：

$$F_T = \frac{\sigma A_{total}}{n} = \frac{c\pi^2}{6\phi} \times \frac{d_{SV}^2}{d_t^2} \times \frac{F_H}{\varepsilon} \tag{3-15}$$

类比公式（3-11），非球形颗粒粉体开始流动的条件为：

$$\rho_{particle} d_V^3 g \geqslant \frac{c\pi}{\phi} \times \frac{d_{SV}^2}{d_t^2} \times \frac{(1+\kappa)F_{H0} + \kappa F_N}{\varepsilon} \tag{3-16}$$

公式（3-16）中的左边使用粒子等效体积大小 d_V 的原因主要是颗粒的重力与颗粒的体积有关。假如所有的粒子具有相同的形状，那么颗粒尺寸和球形度具有如下关系：

$$\phi = \frac{d_V^2}{d_{SV}^2} \tag{3-17}$$

将公式（3-17）中的 d_{SV}^2 代入公式（3-16）并认为单个颗粒厚度 d_t 与粒子等效体积大小 d_V 相等，那么非球形颗粒粉体开始流动的条件为：

$$\rho_{particle} d_V^3 g \geqslant \frac{c\pi[(1+\kappa)F_{H0} + \kappa F_N]}{\phi^2 \varepsilon} \tag{3-18}$$

公式（3-18）的右边表明其值随着球形度的降低而增大。然而，从上面的剪切盒测试可以发现，随着颗粒形状因子的减小，不规则颗粒粉床的堆积密度呈指数下降，即空隙率呈指数增长，因此粒子形状效应有所降低。尽管如此，对于某种粉体，粒子形状越不规则，初始流动的最小粒径越大。当粒子的尺寸达到某一定值，公式（3-18）的左侧将远远大于右侧，此时粉体将发生自由流动。

不同的粉体在其粒径、形状和堆积密度上有所不同，但颗粒之间的黏附力可能相同。由于初始填料孔隙度可以通过剪切盒测量的堆积密度值直接计算，因此公式（3-18）中粉体的 $\rho_{particle} d_V^3 g \phi^2 \varepsilon$ 值可计算出来。值得注意的是，粉体具有较宽的粒径分布，需要采用最小颗粒尺寸 d_{Vmin} 来代替公式(3-18)中的 d_V 值，同样也需要采用最小球形度来代替公式(3-18)中的球形度。这是因为粒径较小、形状不规则的粉体颗粒的流动条件比粒径较大、球形度较高的颗粒要求更严格。为了简化计算，我们采用 D_{10} 来代替 d_{Vmin}。而粉体的球形度可以通过动态颗粒图像粒度粒形测量装置来测试出来，因此不同粒径的粉体的 $\rho_{particle}d_V^3g\phi^2\varepsilon$ 值可以计算出来，见表3-3。可见，对于几何形状相同的块状 PA11 粉体，当颗粒粒径增大到一定程度时，粉体的 $\rho_{particle}d_V^3g\phi^2\varepsilon$ 急剧上升。

表 3-3　尼龙粉体的理论分析

样　　品	ε/g · mL^{-1}	ϕ	$\rho_{particle}d_V^3g\phi^2\varepsilon$/N	*ff*
片状 PA11 粉体	0. 139	0. 65	0. 24×10^{10}	4. 01
棒状 PA11 粉体	0. 295	0. 65	1. 32×10^{10}	4. 49
块状 PA11 粉体-80 目	0. 523	0. 75	71. 72×10^{10}	167
块状 PA11 粉体-100 目	0. 556	0. 75	1. 52×10^{10}	11. 0
块状 PA11 粉体-160 目	0. 497	0. 75	1. 44×10^{10}	9. 20
球形 PA12 粉体	0. 670	0. 80	16. 58×10^{10}	141

不同粒径和球形度的粉体的流动函数 *ff* 与 $\rho_{particle}d_V^3g\phi^2\varepsilon$ 之间的关系如图3-14所示。图 3-14 显示粉体的流动函数 *ff* 与 lg$d$ 和球形度 ϕ 呈现良好的线性关系，拟合系数高达 0. 999。当增大粉体颗粒的粒径或提高颗粒的球形度，会使公式（3-18）的左边大于右边，这样粉体更容易满足流动条件。以上结果从理论上解释了为什么颗粒粒径越大或球形度越高，粉体越容易流动。

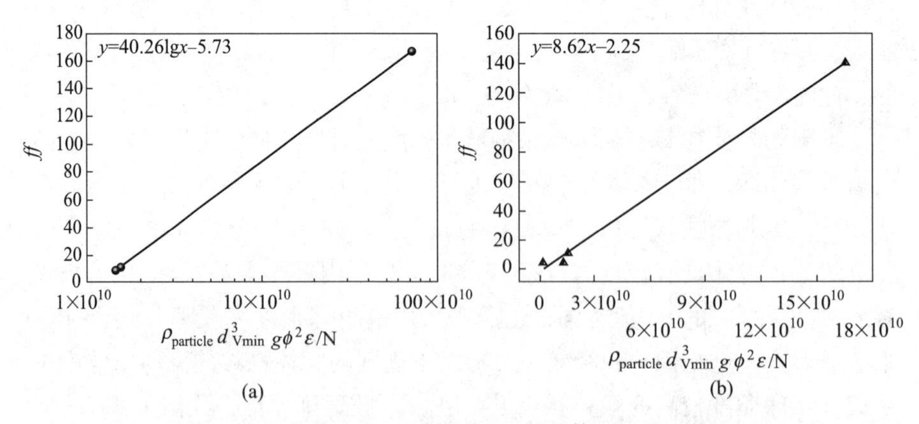

图 3-14　不同尺寸(a)和形状(b)的粉体的流动函数和 $\rho_{particle}d_V^3g\phi^3\varepsilon$ 数值之间的关系

3.2.5 颗粒的几何特征参数对粉体稳定性和流动动力学的影响

在SLS加工过程中，需要采用滚轴进行铺粉，滚轴转动速度很大程度上会影响粉体的流动性，因此，研究颗粒的几何特征参数对粉体稳定性和流动动力学的影响是十分必要的。FT4粉体流变仪可以通过采集粉体流动需要的能量来评估粉体的稳定性和流动动力学。简而言之，该设备的操作原理是基于一个复杂的扭曲的刀片按照固定的“螺旋角”和“线速度”沿螺旋路线强制通过粉床。由于叶片特殊的螺旋桨形状，可以建立低应力的“切入”模式和高应力的“铲雪”模式，如图3-15所示。

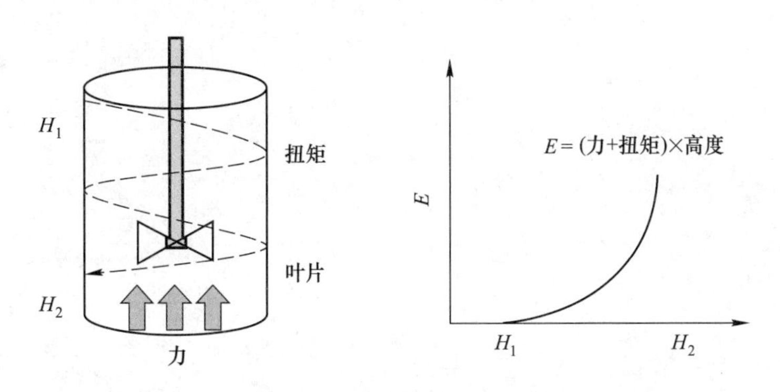

图3-15 流动能测量示意图

移动的刀片会引起粉体的变形和流动，通过连续测量可以计算粉体在流动过程中消耗的流动能量。通过调控刀片的轴向、旋转速度以及刀片的旋转方向（顺时针或逆时针），可以获得不同的流动模式。在本实验中采用了两种典型模式：

（1）“条件循环模式”：刀片以轻柔的“切入”模式通过粉体，可以消除粉体中存在的应力或者多余的空气，使粉体处于均匀且可重复状态，消除堆积历史，如图3-16所示。

（2）“测试循环模式”：刀片向下移动并施加一个正应力，迫使粉体在叶片周围流动。在刀片前端产生局部高应力区域，类似于压缩测试，其他区域的粉体不受影响（自由表面条件），如图3-17所示。

评估粉体在自由表面条件下的流动性质的标准过程称为“动态测试”。粉体在100mm/s的叶片尖端速度下循环测试，流动能E是通过计算移动刀片从粉床顶部到底部所做的功得到的（单个测试循环）。通过七个

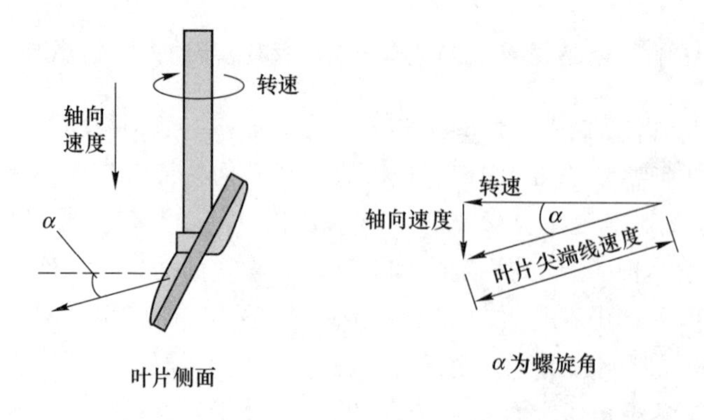

图 3-16 以最小的合并量进行向上的测试-剪切

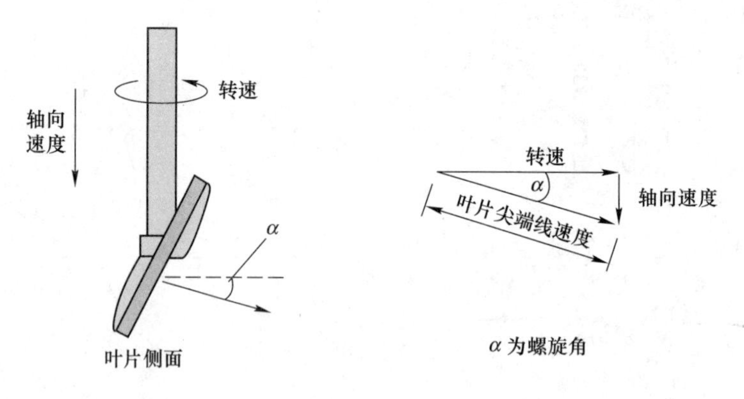

图 3-17 向下测试显示了整个叶片长度上的推进

相同的“完整”测试循环（条件循环+测试循环）来检测粉体是否受到流动的影响（磨损、团聚、分离等）并可以得到稳定的流动能。在接下来的测试中，刀片的尖端速度逐渐降低（100mm/s，70mm/s，40mm/s，10mm/s）来评估粉体流动性对转速的敏感性（测试点 8~11），通过以上测试，可以得到不同参数。

（1）稳定性指数（Stability Index，*SI*）：是粉体在反复测试过程中的流动能变化，评估粉体是否受到流动的影响。*SI*=测试流动能 7/测试流动能 1。

（2）基本流动能（Basic Flow Energy，*BFE*）：对应的第 7 次测试的稳定流动能，表示向下测试过程中，移动粉体所需能量，*BFE*(mJ)= 测试流动能 7。

（3）流动速率指数（Flow Rate Index，*FRI*）：指刀片顶端速度降低到

10mm/s 时的流动能变化，用来评估粉体对流动速率的敏感性，*FRI*=测试流动器 11(10mm/s)/测试流动能 8(100mm/s)。

(4) 特殊流动能（Specific Energy，*SE*）：指向上测试过程中单位质量粉体移动所需要的能量，主要表示粉体在相对低应力条件下是如何流动的。

值得注意的是，在特殊流动能测试过程中，流动模式和基本流动能测试相同，但是特殊流动能测试的路径是向上的，粉体不受限，意味着粉体可以被举起来。因此，特殊流动能更多地依赖粉体颗粒本身的黏结力和机械互锁而很少受到压缩性的影响。

图 3-18 为测试得到的各样品的流动能，分别显示了每个样品在 7 次同样转速和变速下的流动能。可见，粉体颗粒的粒径大小对粉体稳定性和流动动力学的影响大于几何形状对其影响。表 3-4 给出了主要的动力学参数。各粉体的 *SI* 和前 7 次较好的重复性表明粉体稳定性较好。对于形状相同的三种块状 PA11 粉体，粉体粒径越小，*BFE* 值越低。一方面由于粒径较大的粉体，压缩性较小，颗粒间力的传递性较高，叶片转动所需要的区域变大，叶片转动需要更大的能量；另一方面，叶片向下运动还需要克服自身的重力作用，对于粒径较大的粉体颗粒自身重力较大，因此叶片转动需要的能量也就越高[23]。对于尺寸相同但几何形状不同的粉体，片状 PA11 粉体的基本流动能最低，这是由于片状粉体的压缩性高，内部孔隙

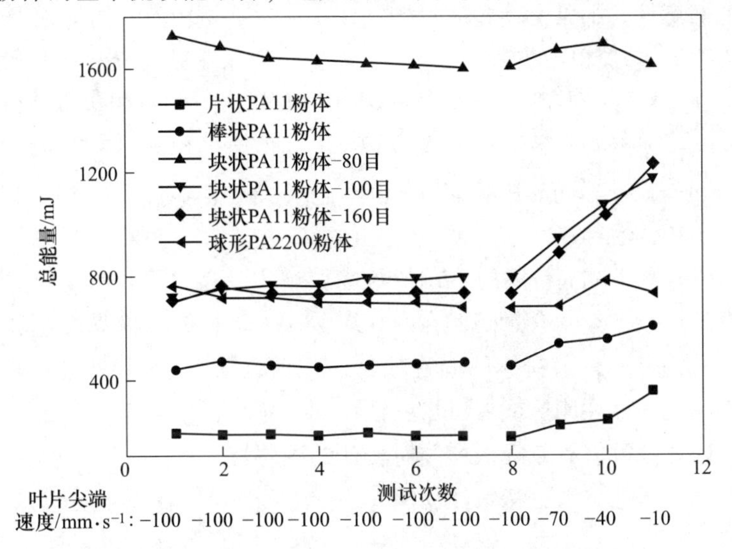

图 3-18　在固定和可变叶片尖端速度下的流动能测量

率大，叶片在转动过程中粉体颗粒形变空间大，受到的阻力小，从而所需的能量较低。此外，经过100目筛网筛分的块状PA11粉体的基本流动能高于球形PA12粉体，这是因为该PA11粉体颗粒的球形度较低，表面较粗糙，叶片在转动的过程中除了要克服粉体颗粒自身的重力外，还要克服粉体颗粒在流动过程中彼此间摩擦力的作用。

表3-4　尼龙粉体的流动能

样　　品	*BFE*/mJ	*SI*	*FRI*	*SE*/mJ · g^{-1}
片状PA11粉体	181	0.902	1.96	8.89
棒状PA11粉体	471	1.07	1.34	7.76
块状PA11粉体-80目	1602	0.926	1.00	3.64
块状PA11粉体-100目	800	1.13	1.49	7.16
块状PA11粉体-160目	733	1.03	1.68	7.98
球形PA12粉体	685	0.90	1.07	3.81

在SLS加工过程中，粉体对流动速率越不敏感，烧结制件的重复性就越好；反之，粉体会在低速铺粉过程中出现流动困难和粉床表面粗糙等现象，最终影响成型件的尺寸精度。流动速率指数*FRI*能很好地评估粉体对转速的敏感性。通常黏性粉体对流动速率的变化更敏感，当叶片缓缓进入粉体内部时，粉体中的空气从样品中逃逸，粉床变硬（至少是局部），使粉体的流动区延伸到距叶片顶部更深的区域，相应的能量消耗更高（$FRI>1$）；理想的非黏性粉体基本不受流动速率的影响（$FRI\approx1$）。对于形状相同，粒径不同的块状PA11粉体，流动速率指数随粒径的降低而升高，说明粉体粒径越小对流动速率越敏感。对于粒径相同，形状不同的尼龙粉体，片状PA11粉体的*FRI*值最高，这主要是由于片状PA11粉体的堆积密度最小，空气含量高，在叶片缓缓进入该粉体时粉体的流动区变得更深；另一方面，该粉体的固性较低，也就是表面较粗糙，棱角毛刺较多，颗粒之间存在摩擦或者机械互锁作用。总之，增大粉体颗粒的粒径或提高其球形度可以有效降低粉体对转速的敏感性。

相比于其他参数，特殊流动能*SE*主要反映粉体在无限定或低应力环境中的流动性。*SE*的大小不像基本流动能那样受压缩性的影响，主要受到颗粒间的黏聚性和机械咬合作用的影响。*SE*随粒径减小而升高，主要是粒径较小的粉体颗粒间的黏聚性较大，此外，粒径较小的粉体颗粒间的空隙较小，很容易产生机械互锁作用。*SE* 随球形度的升高而降低，主要是由于球形度较高的粉体之间的机械互锁作用更弱。

综上可知，粉体的稳定性与颗粒的粒径或几何形状无关，但是颗粒的流动速率对粒径和几何形状极为敏感。粉体颗粒的尺寸越大，形状越规则且越接近球形，其对流动速率就越不敏感。

3.2.6　颗粒的几何特征参数对粉体固结特性的影响

固结测试也就是压缩性测试，如图 3-19 所示，是指粉体经过预剪切处理后，利用开孔的活塞对样品施加不同的正应力，测试粉体在压缩过程中体积的变化，利用压缩百分数来表示。压缩百分数是粉体在压缩过程中体积减小的百分数，能够反映粉体在储存或运输过程中的固结特性。

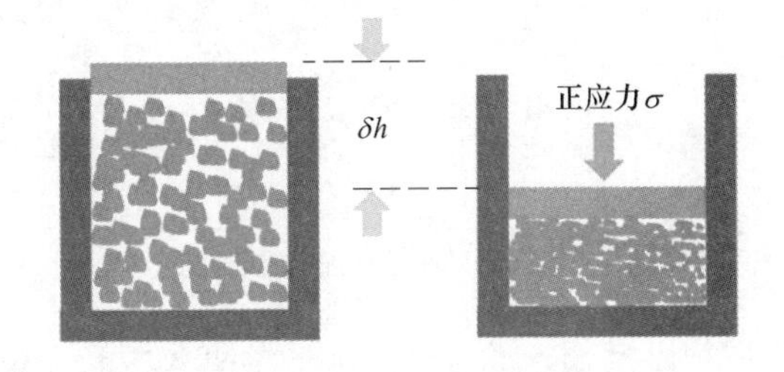

图 3-19　固结测试示意图

粉体的压缩百分数虽然不能直接反映粉体的流动性，但是可以反映不同加工过程或环境中的粉体行为。粉体的压缩性主要受粉体的黏结力和堆积结构的影响，粉体的黏结力越低，压缩率就越小。较低的压缩性有利于粉体的储存、流动和运输[30]。图 3-20 为粉体在不同正应力条件下的压缩百分数。对于平均粒径基本相同的片状、棒状以及块状 PA11 粉体的压缩百分数随着所施加的正应力的增加而增大，特别是片状 PA11 粉体在 15kPa 正应力条件下的压缩百分数达到了 50%，说明片状粉体颗粒的孔隙率较大，具有较大的压缩空间，流动性较差，这与剪切测试得到内摩擦角、内聚力以及堆积密度的结果一致。相比以上三种粉体，商用 PA12 粉体的压缩百分数基本不随正应力发生变化，说明粉体的几何形状越接近球形，压缩体积分数对正应力越不敏感。对于粒径不同的块状 PA11 粉体，粉体的压缩百分数随着粒径的增大基本保持降低的趋势，意味着增大粉体颗粒的粒径可有效改善粉体的固结特性。虽然不同几何形状和粒径的粉体的压缩性都会随着正应力的增大而增大，但颗粒的几何形状对粉体压缩特性的影响明显高于颗粒尺寸。

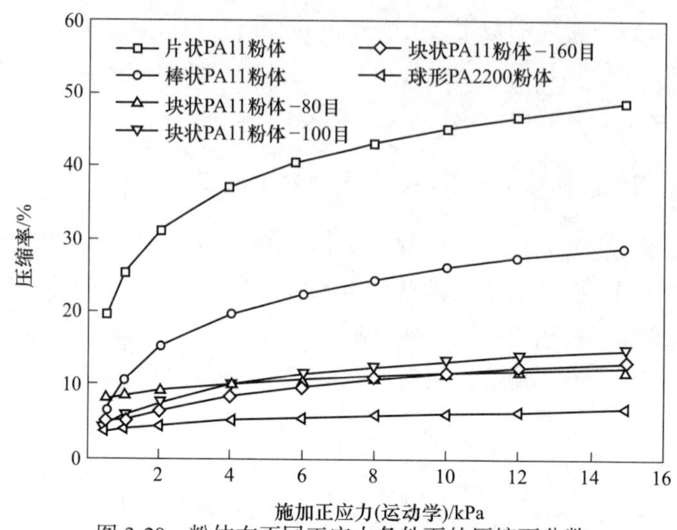

图 3-20　粉体在不同正应力条件下的压缩百分数

3.2.7　颗粒的几何特征参数对粉体透气性的影响

粉体的透气性是影响 SLS 加工性能的一个重要因素。粉体的低气压降意味着气体容易溢出，透气性好，烧结制件内部的孔隙率就越少，容易获得性能优异的打印制件。此外，粉体的透气性也会影响其充填性能，充填率高的粉体容易获得较大堆积密度的粉体。为了评价粉体的透气性，采用在相同空气流速下，测试不同固结条件下的粉体的气体压力，测试原理如图 3-21 所示。一般而言，对粉体施加的正压力越高，粉体就会越密实，这样粉体的渗透性就越低，气体压力降越高[11]。

图 3-22 为各粉体在空气流速为 2mm/s 时的透气性。粉体的透气性随粒径的减小变差，这主要是粉体的粒径越小，粉体颗粒之间的孔隙率和黏聚性均减小，从而气体通道较少，透气性变差。几何形状相对规则的粉体颗粒透气性较好。

综上可知，粉体颗粒的粒径越大且形状越规则，粉体就越容易流动且容易储存，主要因为这类粉体的内摩擦力、机械咬合力越小，在流动过程中遇到的阻力小。因此，在制备选择性激光烧结用粉体时，需要合理考虑粉体的粒径和几何形状。

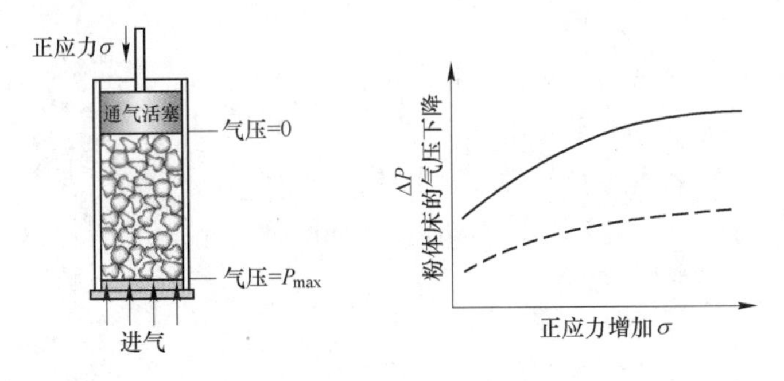

图 3-21 透气性测试示意图

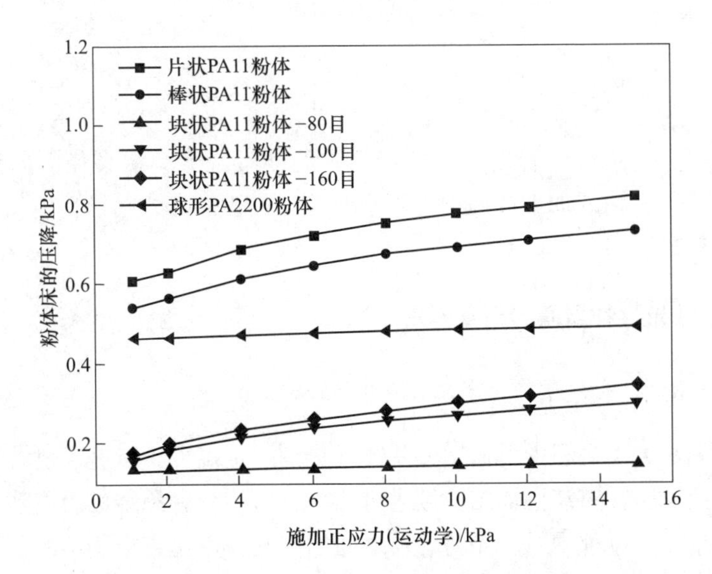

图 3-22 在规定的正应力下，以 2mm/s 的空气流速穿过粉体床的压降

3.3 粉体颗粒的尺寸和几何形状对激光烧结的影响

3.3.1 CO_2 激光器激光的特性

高分子材料的 SLS 烧结主要采用 CO_2 激光器作为热源，其波长为 10.6μm，激光束沿光束直径方向上的能量分布符合高斯分布[31]，可用下面公式表示：

$$I(r,\ \omega) = I_0 \exp\left(-\frac{2r^2}{\omega^2}\right) \tag{3-19}$$

式中　r——距激光束中心的半径距离；

I_0——最大激光能量密度；

ω——激光能量分布的特征半径。

激光束辐射的表面能量可以通过下面的公式计算出来：

$$P = \int_0^{2\pi} \mathrm{d}\theta \int_0^{\infty} I_r \mathrm{d}r \tag{3-20}$$

式中　P——激光功率。

结合公式（3-19）和公式（3-20）积分得到：

$$I_0 = \frac{2P}{\omega^2 \pi} \tag{3-21}$$

从以上公式可以看出，激光束中心的能量最大，沿半径方向依次减弱。因此，在SLS加工过程中需要采取叠加扫描的方式扫描粉体的表面对粉体加热。

3.3.2　激光与物质间的相互作用

3.3.2.1　高分子粉体与激光的热耦合

在SLS加工过程中，通常将粉体预热到一定温度，然后通过计算机控制激光扫描路径对需要烧结区域进行加热补偿，熔融黏结、层层粘接形成三维制品。该过程中，激光与粉体之间的相互作用是一个复杂的过程，但其实质上是激光与高分子粉体的热耦合过程[32]。入射的激光到达粉体的表面，可在亚微秒时间内转化为热量，对材料进行加热。激光与材料的热耦合过程主要包括两个方面，其一是能量的吸收和反射，其二是热量在烧结制件及粉体内部的热传递。材料对激光的发射和吸收同激光的波长、光强、材料性质以及表面状况有关。材料的表面越粗糙，其对激光的吸收越强烈。此外，不同材料对激光的吸收机理也不相同，这主要与它们的电子排布有关。对于绝缘体材料，虽然具有充满电子的完整价带，但在价带和空导带之间存在一个很宽的禁带。半导体在室温条件下的导带电子密度较大，但价带和空导带也被禁带隔开。相对来说，金属材料具有重叠的导带和价带以及从电子云产生的自由电子。当光子能量高于带隙时，材料在吸收光子后会从导带释放一个电子到价带，而电子从高能态达到平衡态时会通过光子的形式进入晶格，致使晶格能量上升，相应材料的温度也增加；当入射光子的能量低于材料的带隙时，若入射能量小于材料带隙，材料表面必须有连续入射的光子才能高于材料的能隙。高分子粉体材料对激光的吸收不能通过简单的理论计算出来，可以通过积分球法测试得到。

根据传热学的基本理论，热在传递过程中主要有热传导、热对流和热辐射三种形式。在烧结过程中，热的传播主要通过热传导形式呈现的，而在烧结完成后热的传递主要通过热辐射和热对流进行。因此，粉体材料的激光烧结是一个复杂的热作用过程，研究粉体颗粒粒径和几何形状对粉体材料热物性参数的影响可在一定程度上优化烧结制件的质量。

3.3.2.2 不同颗粒几何特征的粉体对激光的吸收

积分球法通常用来测试材料的散射性能，也可通过将材料倾斜一定角度测试样品表面的反射性能[33]，实验装置如图 3-23 所示。为了测试粉体材料对激光的吸收性能，首先将一定质量的粉体材料均匀平铺在积分球底部的样品池中，然后利用光学信号探测器检测入射光经过粉体样品吸收后的光学强度。通过该强度可以得到粉体样品对激光的反射性能，通过换算最终可以得到样品对激光的吸收性能，测试结果如图 3-24 所示。

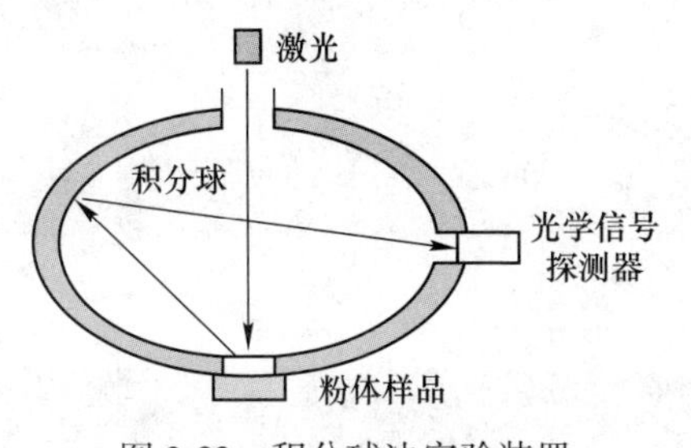

图 3-23 积分球法实验装置

在红外光谱中，近红外（波长 1.4 ~ 3μm）和远红外（波长 3 ~ 1000μm）区域的光谱和聚合物的分子振动能级之间跃迁、分子转动能级跃迁、分子振动的基频吸收区域、重原子团以及晶格振动能级的振动光谱区域相吻合[34,36]，入射的激光束与高分子发生运动耦合，激光能量由此转化为内能，使聚合物的温度瞬时升高[35]。在 SLS 加工过程中，使用的二氧化碳激光器的波长为 10.6μm，处于远红外区，该波长的激光在红外光谱上对应的波数为 943cm^{-1}。从图 3-25 可见，当粉体的粒径相同的条件

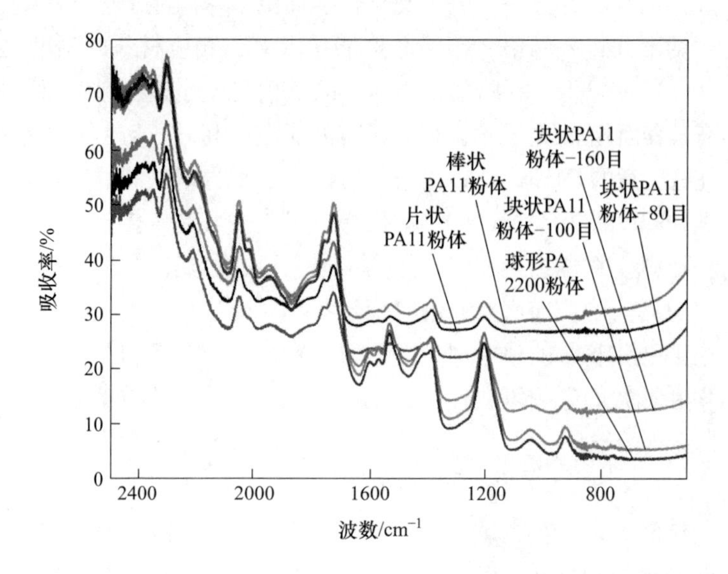

图 3-24 尼龙粉体的吸收光谱

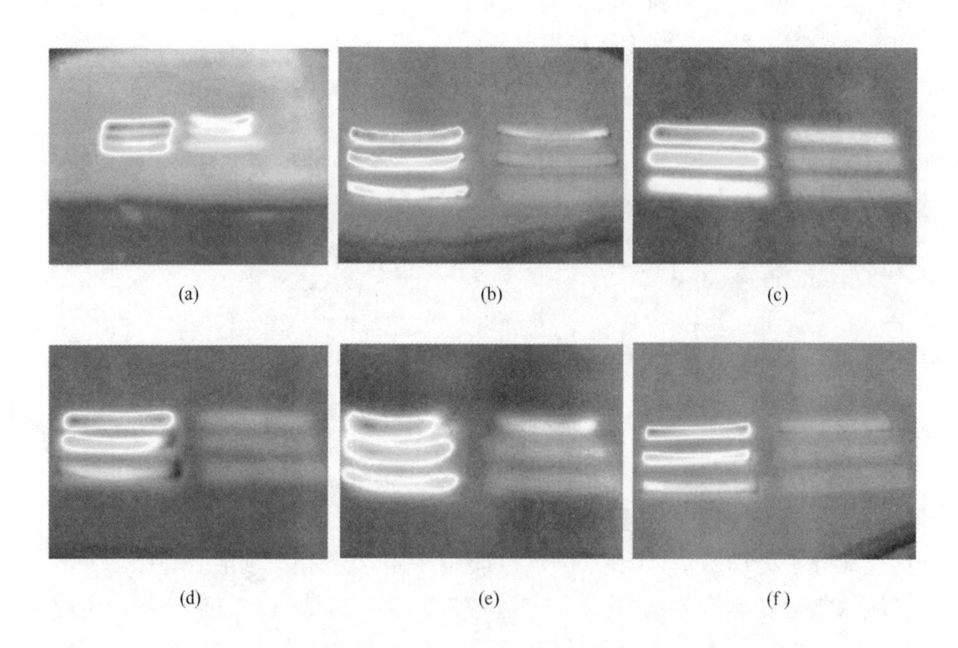

图 3-25 用不同激光能量密度制造的尼龙制件的红外热像图

(a) 片状 PA11 粉体；(b) 棒状 PA11 粉体；(c) 块状 PA11 粉体-80 目；
(d)，(e) 块状 PA11 粉体-100 目；(f) 块状 PA11 粉体-160 目

下，粉体的几何形状越不规则，其对激光的吸收性能就越高，这主要是因为形状不规则的粉体的堆积密度较小，粉床表面较粗糙，入射激光在进入粉体内部时，会在颗粒表面发生多次反射和吸收。对于形状趋于规则的粉体，其粉床表面相对较光滑，激光会在表面发生反射，导致被吸收的激光减少。值得注意的是，棒状 PA11 粉床对激光的吸收高于片状 PA11 粉床，这可能是由于片状粉体的堆积密度更小，形成的空隙尺寸高于激光波长，激光在粉体颗粒内部经过反射逃出粉床，激光吸收降低。对于几何形状相同的 PA11 粉体，其对激光的吸收随粒径的降低先降低后升高，这是粉床表面粗糙度和粉床内部空隙大小共同作用的结果。

二氧化碳激光与聚合物作用从微观上可认为是激光束与聚合物的原子及分子非连续的或量子化的能量交换，激光的能量大部分转化为内能，促使分子形态发生改变以及分子链运动的增强[37~39]；从宏观上来看，聚合物在激光辐射场作用下，表面温度瞬时提高，聚合物形态将由玻璃态—高弹态—黏流态迅速转变，如果激光能量密度超过材料的融化阈值时，随着辐照时间的延长，聚合物温度升高导致聚合物材料热分解或者气化[40~44]。因此，在 SLS 加工过程中不能通过无限提高激光能量密度来实现材料的加工[45~47]，而是尽量要求材料具有较好的激光吸收性能。在激光辐照材料使其融化的过程中，热量损失主要是热传导，热辐射和热对流部分基本可忽略不计[34]。根据能量守恒方程，激光辐照融化过程中的能量转化可通过下面公式计算[48]：

$$E = AE_0 = APt \tag{3-22}$$

式中 A——材料对激光的吸收系数；

E_0——激光的初始能量；

E——材料对激光吸收的能量；

P——激光功率；

t——辐照时间。

激光在材料内的强度分布 $I(z)$ 符合 Beer-Lambert 定律[49]：

$$I(z) = AE_0 e^{-Az} \tag{3-23}$$

式中 z——激光渗透深度。

可见，材料对激光的吸收系数较高时，“趋肤效应”使激光能量从表面趋向于内部，该过程中材料吸收的激光能量可以看作为面热源。结合公式（3-23）可见，能量呈高斯分布的激光束在与物质相互作用时，传热过

程可简化为水平 x 方向和深度 z 方向的二维热传递。

积分球法虽然能够测试粉体对激光的吸收，但是在实际的烧结过程中，高分子粉体的烧结性能受到很多因素的影响，如粉体材料的比热、有效热导率和热扩散系数等[50,51,53]。也就是说，高分子粉体对激光吸收系数高，但未必能全部转化为有效热量。因此，为了模拟高分子粉体在实际烧结过程中对激光的吸收，我们采用单层烧结实验来验证各粉体对激光的吸收。具体操作步骤是：将粉体预热到一定温度，然后采用不同能量密度的激光对各粉体进行单层烧结，紧接着快速打开密封门，使用红外热成像仪来测量各烧结件的温度分布。通过测试烧结件表面的温度分布和烧结深度，可间接判断粉体对激光的吸收性能。各粉体的成型制件在不同激光能量密度下的三帧红外图像如图 3-25 所示。图 3-25（a）中的左半部分的三个烧结制件从上至下的激光功率依次为 60W、50W 和 40W，右半部分的三个烧结制件从上至下的激光功率依次为 30W、20W 和 10W，所有制件的扫描间距均为 0.1mm。此外，图中其他粉体烧结件的摆放顺序和图 3-25（a）相同。从图中可以看出，烧结制件的表面温度随激光能量密度的上升而明显升高。

通过软件处理可以得到相关制件的温度场分布，如图 3-26 所示。从图中可以看出，棒状 PA11 粉体经烧结后的表面平均温度最高，达到 111.4℃。而具有同样尺寸的片状 PA11 粉体和块状 PA11 粉体经烧结后的表面平均温度分别为 96.7℃和 87.0℃，这个结果与上文的积分球测试结果一致，棒状 PA11 粉体对激光的吸收最强。然而，华曙商用球形 PA2200 粉体经烧结后的表面平均温度为 98.2℃，高于片状和块状 PA11 粉体，这是因为 PA12 具有较高的导热系数，吸收的激光热量在粉体中的热传递效率较高。对于形状相同的块状 PA11 粉体，虽然经 80 目筛网筛分的 PA11 粉体的激光吸收系数较高，但是其表面平均温度低于经 100 目筛网筛分的 PA11 粉体，这是由于其粒径较大，粉体颗粒只是表面熔融，且堆积密度较小，热量容易耗散。此外，经 160 目筛网筛分的块状 PA11 粉体的烧结件的表面平均温度只有 71.0℃，低于经 100 目筛网筛分的 PA11 粉体，主要是该粉体的堆积密度稍微降低，内部空隙含量升高，导致其有效导热系数降低。

图 3-27 为各粉体在不同激光能量密度下的单层烧结制品的照片。从图中可以看出，随着激光能量的升高，粉体的烧结纹路逐渐升高，但是较高的能量密度导致烧结制件与周围粉体形成较大的温度差，出现收缩卷曲

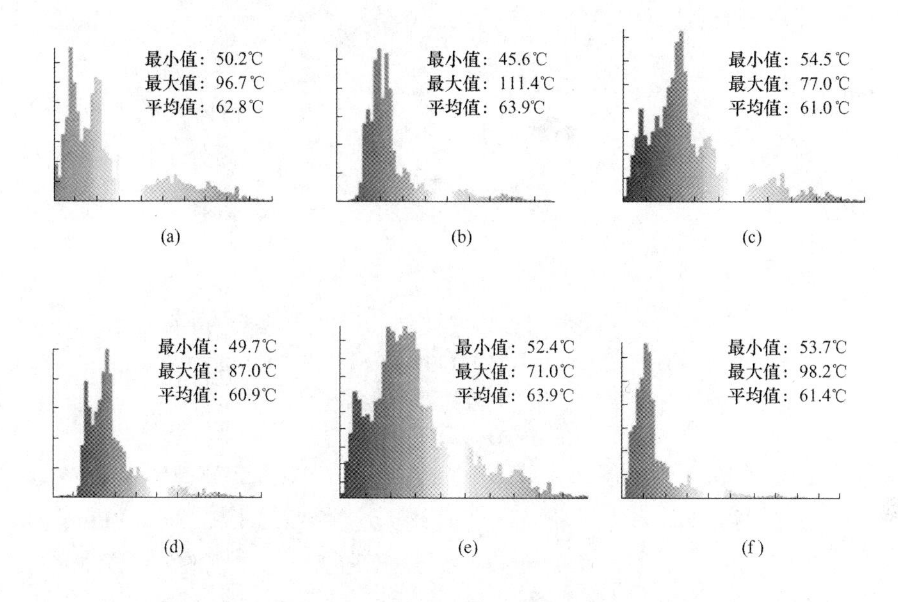

图 3-26　用不同激光能量密度制造的尼龙制件的温度分布

（a）片状 PA11 粉体；（b）棒状 PA11 粉体；（c）块状 PA11 粉体-80 目；（d），（e）块状 PA11 粉体-100 目；（f）块状 PA11 粉体-160 目

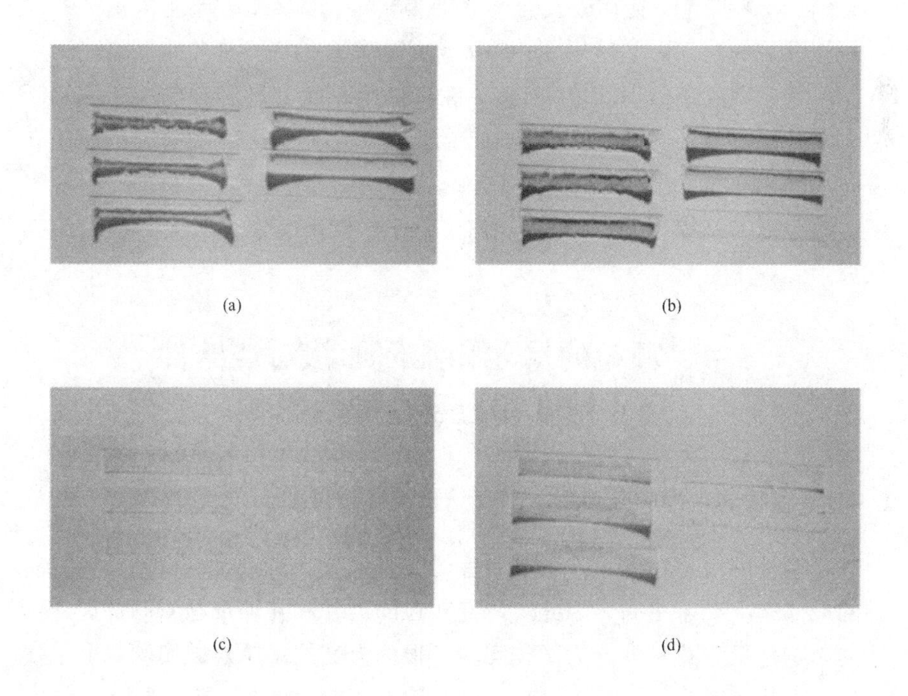

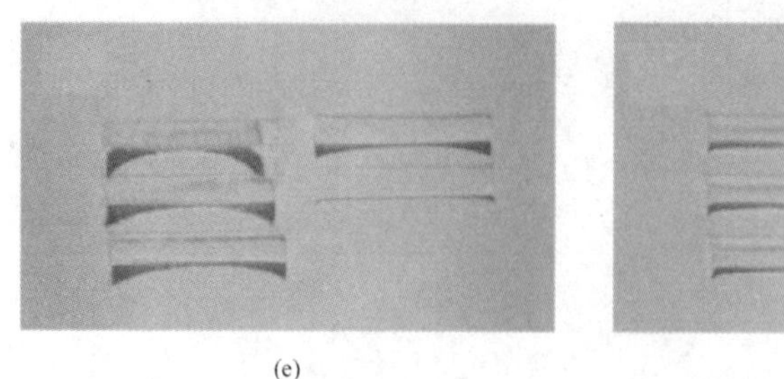

(e)

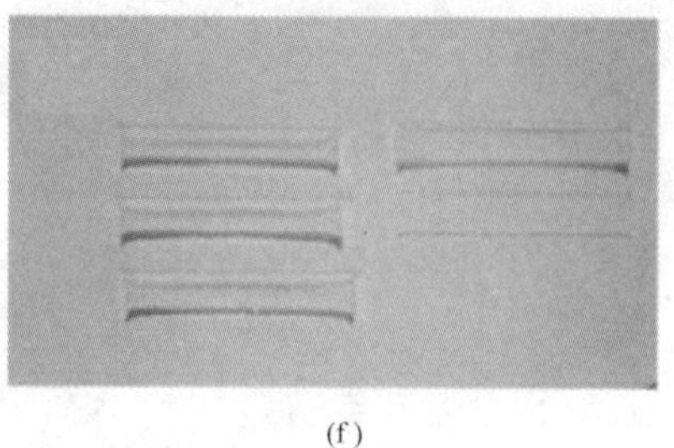

(f)

图 3-27　用不同激光能量密度制造的尼龙制件的光学图像

(a) 片状 PA11 粉体；(b) 棒状 PA11 粉体；(c) 块状 PA11 粉体-80 目；
(d)，(e) 块状 PA11 粉体-100 目；(f) 块状 PA11 粉体-160 目

现象。在激光功率为 60W 条件下，片状 PA11 烧结件出现了严重的收缩现象，在宽度方向上几乎收缩成一条直线，这主要是因为片状 PA11 粉体的堆积密度较小，在完全熔融的条件下会出现较大的体积收缩。类似地，具有同样粒径的棒状 PA11 粉体、块状 PA11 粉体以及商用 PA2200 粉体在同样的功率下也出现了尺寸收缩现象，但是相比片状粉体的烧结件，收缩现象明显改善，这是其堆积密度增大的原因。此外，在激光功率为 10W 时，块状 PA11 粉体以及商用 PA2200 粉体的烧结纹路基本消失，说明粉体颗粒的几何形状越规则，粉体烧结所需要的激光能量也就越高。在几何形状相同的条件下，块状 PA11 粉体的烧结纹路随粒径的减小而趋于明显。特别是对于经 80 目筛网筛分的块状 PA11 粉体的烧结纹路即使在激光功率为 60W 时也不是特别明显。

综合以上结果可知，粉体颗粒的几何形状和尺寸对激光的吸收影响较大。

3.4　颗粒的尺寸和几何形状对烧结件尺寸精度和力学性能的影响

3.4.1　颗粒的尺寸和几何形状对烧结件尺寸精度的影响

烧结件的尺寸精度直接影响制件的外观效果。特别是精密制件，对制件的尺寸精度要求更高。因此，研究颗粒的尺寸和几何形状对制件尺寸精度的影响是很有意义的。为简化实验，根据上文的单层烧结实验选取了棒

状 PA11 粉体、经 100 目筛网筛分的块状尼龙 11 粉体和经 160 目筛网筛分的块状尼龙 11 粉体进行烧结实验，其烧结制件分别命名为 S1、S2 和 S3。实验过程中采用的加工参数相同，其中激光能量为 10W，扫描间距为 0.1mm，预热温度为 178℃。通过测试烧结件在各方向的尺寸并与 CAD 模型对比，可以计算烧结制件在各方向上的尺寸精度，如图 3-28 所示。可见，粉体颗粒粒径和几何形状对烧结件 x 轴方向上的尺寸精度影响最小，对 z 轴方向上的尺寸精度影响最大，这主要是激光能量在 z 轴方向上的累积效应，导致烧结制件出现烧结盈余现象。其中粉体颗粒几何形状对烧结制件在各轴向尺寸精度的影响大于粒径的影响。S1 烧结件在 z 轴方向，即建造方向上的尺寸偏差达到 16%左右，远远高于另外两种烧结制件，这主要是棒状粉体对激光的吸收较高，表现出更明显的烧结盈余现象。此外，S3 烧结制件的尺寸精度相比 S2 有所降低，说明粉体粒径太小也不利于烧结件的尺寸精度。

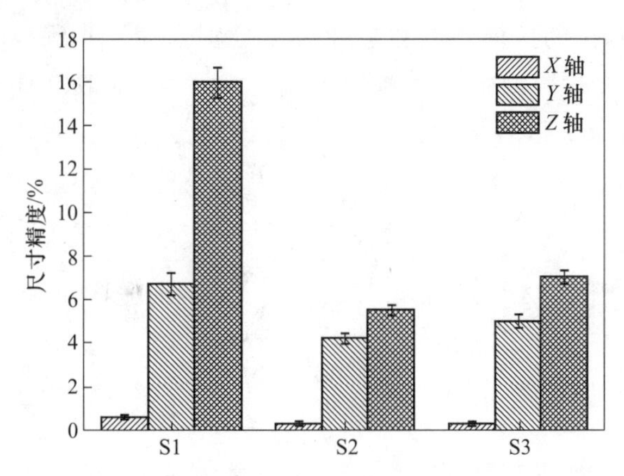

图 3-28 不同方向轴的激光烧结制件的尺寸精度

烧结制件在建造方向上的上表面微观形貌如图 3-29 所示。可见，S1 烧结制件上表面的粉体颗粒完全熔融，形成蓬松的多孔结构。S2 烧结件上表面的粉体颗粒只是表面熔融，黏结在烧结件的表面上，粉体颗粒的轮廓明显可见。随着粒径的降低，S3 烧结制件上表面的粉体颗粒熔融程度比 S2 明显，这主要是粒径较小的颗粒在加热条件下更容易熔融。

3.4.2 颗粒的尺寸和几何形状对烧结件力学性能的影响

SLS 加工制件需要有一定的力学强度来满足其使用要求[38,54]。上

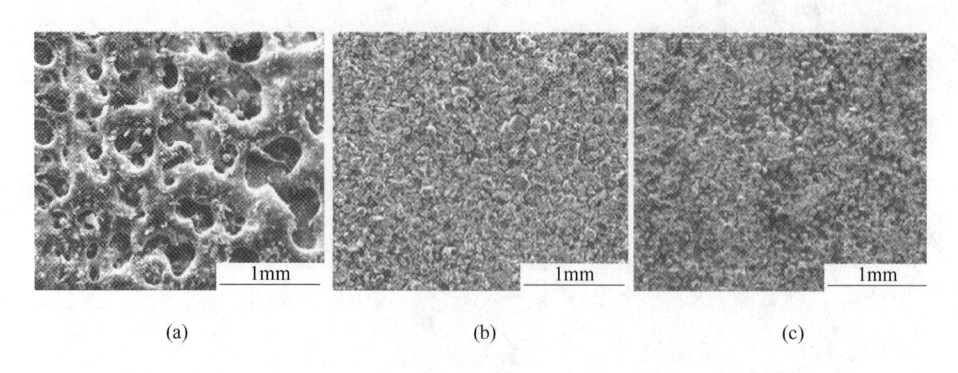

图 3-29　激光烧结制件表面的 SEM 图像
（a）S1 烧结件；（b）S2 烧结件；（c）S3 烧结件

文提到颗粒的几何形状和粒径对粉体的流动性、堆积密度和激光吸收能力有很大的影响，从而影响烧结制件的力学强度，如图 3-30 所示。可见，S1 烧结制件的拉伸强度和拉伸模量分别为 38. 9MPa 和 542. 6MPa，而 S2 烧结制件的拉伸强度和拉伸模量达到了 42. 3MPa 和 1352. 4MPa，分别提高了 8. 7% 和 149. 2%。相比 S2，S3 烧结制件的力学强度稍有提高。

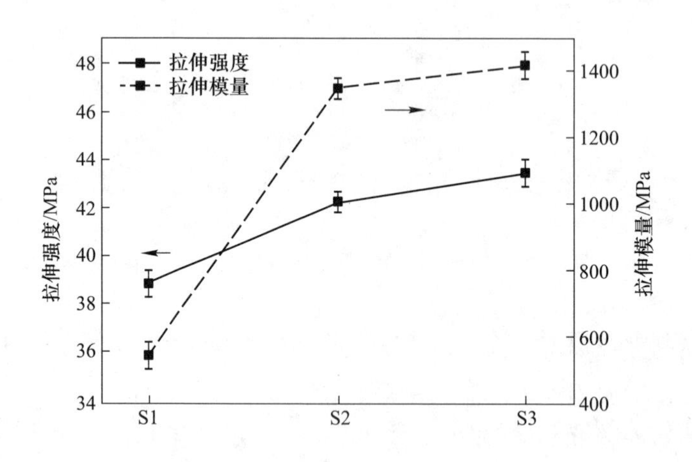

图 3-30　激光烧结制件的拉伸强度和拉伸模量

图 3-31 为烧结制件拉伸断面的微观形貌，可见 S1 制件的内部存在大量孔洞，而 S2 和 S3 制件的断面相对致密，未出现孔洞，这也是其力学性能提高的原因。

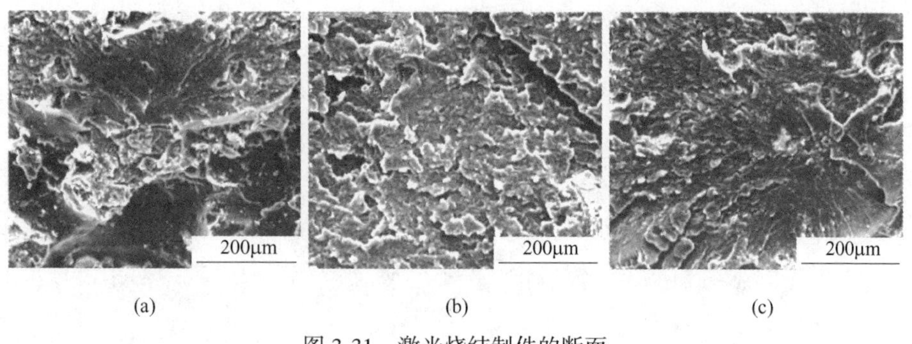

(a) (b) (c)

图 3-31 激光烧结制件的断面
（a）S1 制件；（b）S2 制件；（c）S3 制件

3.5 本 章 小 结

粉体的制备是制约目前SLS技术发展的主要原因之一，建立和发展一种高效节能、环境友好且能规模化生产SLS用聚合物粉体的方法是目前的当务之急。本章通过固相剪切碾磨技术制备了PA11粉体，并与深冷粉碎法和溶剂沉淀法得到的聚合物粉体对比，定量描述了粉体颗粒的几何特征，建立了粉体颗粒几何特征与粉体堆积和流动特性间的关系，揭示了粉体特征与激光间的相互作用关系，深入分析了粉体颗粒几何特征对SLS成型制件尺寸精度和力学性能的影响，探索了固相剪切碾磨技术在制备用于SLS加工的聚合物粉体方面的可行性，主要结论如下：

（1）由于固相剪切碾磨装备具有独特的三维剪切力场，因此其制备的聚合物粉体颗粒具有明显的伸长特性。聚合物粉体颗粒的粒径越大且形状越接近球形，颗粒间的内聚力、范德华力、内摩擦力以及机械咬合等作用会明显减弱，粉体的无侧界屈服应力降低，粉体更容易满足初始流动条件发生流动，且对流动速率不敏感，固结特性和透气性好，有利于粉体的储存、运输以及在SLS加工过程中的连续稳定成型；此外，颗粒的尺寸大小对粉体稳定性和流动动力学参数的影响大于几何形状的影响，而粉体的初始流动特性、固结特性和透气性主要受颗粒几何形状的影响。

（2）不规则形状的聚合物粉体颗粒有利于SLS加工中材料对激光的吸收，主要是因为形状不规则的粉体颗粒形成的粉体床表面较粗糙，堆积密度较小，入射激光束在粉体表面的反射部分减少，大部分会经过多次吸收和反射进入粉体内部。此外，粉体对激光的吸收随粒径的降低呈先降低后升高的趋势。

（3）粉体颗粒的几何形状越规则，SLS 烧结件的尺寸精度和力学性能就越高。粉体粒径过大，烧结件的层间黏结性差，反之容易出现烧结盈余现象，力学性能稍有提高。因此，SLS 烧结过程中粉体颗粒的几何形状和尺寸需要控制在合理范围内。

综上，虽然固相剪切碾磨技术制备的聚合物粉体几何形状不规则，不利于粉体的流动和堆积，但该粉体具有较强的激光吸收性能。对于制造尺寸精度要求不高的制件，该方法具有明显优势，一方面是固相剪切碾磨可在常温条件下实现聚合物原料的超细粉碎，整个过程不消耗试剂、高效环保，另一方面是其制备的粉体在 SLS 加工过程中可降低激光能耗；而对于尺寸精度和力学强度要求较高的制件，则需要对该方法制备的聚合物粉体进行球形化处理。

参考文献

[1] Goodridge R D, Tuck C J, Hague R J M. Laser sintering of polyamides and other polymers [J]. Progress in Materials science, 2012, 57 (2): 229~267.

[2] 陈宁，夏和生，张杰，等．聚合物基微纳米功能复合材料 3D 打印加工的研究 [J]. 高分子通报，2017（10）：41~51.

[3] Wang Y, Rouholamin D, Davies R, et al. Powder characteristics, microstructure and properties of graphite platelet reinforced Poly Ether Ether Ketone composites in High Temperature Laser Sintering (HT-LS) [J]. Materials & Design, 2015, 88: 1310~1320.

[4] Schmid M, Amado A, Wegener K. Polymer powders for selective laser sintering (SLS) [C]//AIP Conference proceedings. AIP Publishing LLC, 2015, 1664 (1): 160009.

[5] Xu X, Wang Q, Kong X, et al. Pan mill type equipment designed for polymer stress reactions: theoretical analysis of structure and milling process of equipment [J]. Plastics rubber and composites processing and applications, 1996, 25 (3): 152~158.

[6] 徐僖，王琪．力化学反应器．中国专利：95111258.9.1996 [P]．四川省：CN1130545A，1996-9-11.

[7] Chen Z, Liu C, Wang Q. Solid-phase preparation of ultra-fine PA6 powder through pan-milling [J]. Polymer Engineering & Science, 2001, 41 (7): 1187~1195.

[8] 李侃社．磨盘碾磨固相剪切复合技术及导电导热聚丙烯/石墨纳米复合材料的制备与性能研究 [D]．成都：四川大学，2002.

[9] 敖宁建．苯乙烯-丁二烯-苯乙烯（SBS）热塑性弹性体的固相力化学改性的研究

[D]. 成都：四川大学，2002.

[10] Shi Y, Li Z, Sun H, et al. Effect of the properties of the polymer materials on the quality of selective laser sinteringparts [J]. Proceedings of the Institution of Mechanical Engineers, Part L: Journal of Materials: Design and Applications, 2004, 218 (3): 247~252.

[11] Hou H, Sun C C. Quantifying effects of particulate properties on powder flow properties using a ring shear tester [J]. Journal of Pharmaceutical Sciences, 2008, 97 (9): 4030~4039.

[12] Yu W, Muteki K, Zhang L, et al. Prediction of bulk powder flow performance using comprehensive particle size and particle shape distributions [J]. Journal of Pharmaceutical Sciences, 2011, 100 (1): 284~293.

[13] Bao N, Shen L, Feng X, et al. Shape and size characterization of potassium titanate fibers by imageanalysis [J]. Journal of Materials Science, 2004, 39 (2): 469~476.

[14] Tolochko N K, Khlopkov Y V, Mozzharov S E, et al. Absorptance of powder materials suitable for laser sintering [J]. Rapid Prototyping Journal, 2000.

[15] Ponce M, Aldao C, Castro M. Influence of particle size on the conductance of SnO_2 thick films [J]. Journal of the European Ceramic Society, 2003, 23: 2105~2111.

[16] Ponce M A, Aldao C M, Castro M S. Influence of particle size on the conductance of SnO_2 thickfilms [J]. Journal of the European Ceramic Society, 2003, 23 (12): 2105~2111.

[17] Liu L X, Marziano I, Bentham A C, et al. Effect of particle properties on the flowability of ibuprofenpowders [J]. International Journal of Pharmaceutics, 2008, 362 (1~2): 109~117.

[18] 杨林，刘伟．动态图像颗粒粒度粒形测量装置 [J]. 山东理工大学学报（自然科学版），2017, 3.

[19] Berretta S, Ghita O, Evans K E. Morphology of polymeric powders in Laser Sintering (LS): From Polyamide to new PEEK powders [J]. European Polymer Journal, 2014, 59: 218~229.

[20] Saad M, Sadoudi A, Rondet E, et al. Morphological characterization of wheat powders, how to characterize the shape of particles? [J]. Journal of Food Engineering, 2011, 102 (4): 293~301.

[21] Molerus O. Theory of yield of cohesive powders [J]. Powder Technology, 1975, 12 (3): 259~275.

[22] Zhao J. Applicability of Mohr-Coulomb and Hoek-Brown strength criteria to the dynamic strength of brittlerock [J]. International Journal of Rock Mechanics and Mining Sciences, 2000, 37 (7): 1115~1121.

[23] Freeman R. Measuring the flow properties of consolidated, conditioned and aerated powders—a comparative study using a powder rheometer and a rotational shear cell [J]. Powder Technology, 2007, 174 (1~2): 25~33.

[24] Ganesan V, Muthukumarappan K, Rosentrater K A. Flow properties of DDGS with varying soluble and moisture contents using jenike shear testing [C]//2007 ASAE Annual Meeting. American Society of Agricultural and Biological Engineers, 2007: 1.

[25] Leturia M, Benali M, Lagarde S, et al. Characterization of flow properties of cohesive powders: A comparative study of traditional and new testing methods [J]. Powder Technology, 2014, 253: 406~423.

[26] Wang Y, Koynov S, Glasser B J, et al. A method to analyze shear cell data of powders measured under different initial consolidation stresses [J]. Powder Technology, 2016, 294: 105~112.

[27] Jenike A W. Storage and flow of solids [J]. Bulletin No. 123, Utah State University, 1964.

[28] Li Q, Rudolph V, Weigl B, et al. Interparticle van der Waals force in powder flowability and compactibility [J]. International Journal of Pharmaceutics, 2004, 280(1~2): 77~93.

[29] Shinohara K, Capes C E, Fouda A E. A theoretical model of the effect of distributed loading on the tensile strength of agglomerates as measured in the diametral compression test [J]. Powder Technology, 1982, 32 (2): 163~171.

[30] Shinohara K, Capes C E, Fouda A E. A theoretical model of the effect of distributed loading on the tensile strength of agglomerates as measured in the diametral compression test [J]. Powder Technology, 1982, 32 (2): 163~171.

[31] Jacobs P F. Rapid prototyping & manufacturing: fundamentals of stereolithography [M]. Society of Manufacturing Engineers, 1992.

[32] 邓素辉. 激光与物质相互作用的热效应研究 [D]. 南昌: 江西师范大学, 2006.

[33] Fan K M, Wong K W, Cheung W L, et al. Reflectance and transmittance of TrueForm TM powder and its composites to CO_2 laser [J]. Rapid Prototyping Journal, 2007.

[34] 张俐娜. 高分子物理近代研究方法 [M]. 武汉: 武汉大学出版社, 2006.

[35] 孙承纬, 激光辐照效应 [M]. 北京: 国防工业出版社, 2002.

[36] 张永康, 周建忠, 叶云霞. 激光加工技术 [J]. 北京: 化学工业出版社, 2004.

[37] Kruth J P, Mercelis P, Van Vaerenbergh J, et al. Binding mechanisms in selective laser sintering and selective laser melting [J]. Rapid Prototyping Journal, 2005.

[38] Kenzari S, Bonina D, Dubois J M, et al. Quasicrystal-polymer composites for selective laser sintering technology [J]. Materials & Design, 2012, 35: 691~695.

[39] Berretta S, Wang Y, Davies R, et al. Polymer viscosity, particle coalescence and mechanical performance in high-temperature laser sintering [J]. Journal of Materials Science, 2016, 51 (10): 4778~4794.

[40] Kruth J P, Levy G, Schindel R, et al. Consolidation of polymer powders by selective laser sintering [C]//Proceedings of the 3rd International Conference on Polymers and Moulds Innovations, 2008: 15~30.

[41] Song Y, Koenig W. Experimental study of the basic process mechanism for direct selective laser sintering of low-melting metallic powder [J]. CIRP Annals, 1997, 46 (1): 127~130.

[42] Manetsberger K, Shen J, Muellers J. Compensation of Non-Linear Shrinkage of Polymer Materials in Selective Laser Sintering 346 [C]//2001 International Solid Freeform Fabrication Symposium, 2001.

[43] Laumer T, Stichel T, Nagulin K, et al. Optical analysis of polymer powder materials for Selective Laser Sintering [J]. Polymer Testing, 2016, 56: 207~213.

[44] Ghita O R, James E, Trimble R, et al. Physico-chemical behaviour of poly (ether ketone)(PEK) in high temperature laser sintering (HT-LS)[J]. Journal of Materials Processing Technology, 2014, 214 (4): 969~978.

[45] Kruth J P, Mercelis P, Van Vaerenbergh J, et al. Binding mechanisms in selective laser sintering and selective laser melting [J]. Rapid Prototyping Journal, 2005.

[46] Salmoria G V, Leite J L, Ahrens C H, et al. Rapid manufacturing of PA/HDPE blend specimens by selective laser sintering: microstructural characterization [J]. Polymer Testing, 2007, 26 (3): 361~368.

[47] Wagner T, Höfer T, Knies S, et al. Laser sintering of high temperature resistant polymers with carbon black additives [J]. International Polymer Processing, 2004, 19 (4): 395~401.

[48] Sun M. Physical modeling of the selective laser sintering process [D]. The University of Texas at Austin, 1992.

[49] Shuai C, Shuai C, Wu P, et al. Characterization and bioactivity evaluation of (polyetheretherketone/polyglycolicacid)-hydroyapatite scaffolds for tissue regeneration [J]. Materials, 2016, 9 (11): 934.

[50] Kruth J P, Wang X, Laoui T, et al. Lasers and materials in selective laser sintering [J]. Assembly Automation, 2003.

[51] Tolochko N K, Khlopkov Y V, Mozzharov S E, et al. Absorptance of powder materials suitable for laser sintering [J]. Rapid Prototyping Journal, 2000.

[52] Diller T T, Yuan M, Bourell D L, et al. Thermal model and measurements of polymer laser sintering [J]. Rapid Prototyping Journal, 2015.

4 基于固相剪切碾磨和球形化技术制备适用于 SLS 加工的 $PA11/BaTiO_3$ 压电球形粉体

4.1 引 言

压电材料可实现力电转换，兼具传感和驱动性能，广泛用于电子传感器、生物医学成像、能量俘获、超声检测器、水声换能器等高技术领域，成为设计和开发智能制件的重要支撑性材料[1~4]。在众多压电材料中，0-3 型压电复合材料是将压电陶瓷弥散分布于三维连续的聚合物基体中形成的复合材料，具有机电耦合系数高、加工缺陷少、能耗低、柔性好等优点，成为目前研究的热点[5~8]。目前，0-3 型压电复合材料常用的制备方法主要有热压法[9]和溶液法[10]，但需要解决陶瓷颗粒在聚合物基体中分散、界面结合、难以制备形状复杂的压电器件等问题[11]。本书以期采用固相剪切碾磨和选择性激光烧结技术解决上述传统加工方式面临的难题。

第 3 章研究发现，固相剪切碾磨制备的粉体颗粒几何形状不规则，流动性和堆积密度较差，影响 SLS 烧结件的成型精度和力学性能。粉体颗粒的几何形状越接近形状规则的球形，越有利于 SLS 加工。因此，如何对固相剪切碾磨得到的粉体进行球形化处理是实现 SLS 加工的关键和难点。由于目前大部分聚合物球形粉体都是通过热诱导相分离法[12,13]和合成法等制备出来的[14]，如何将形貌不规则的聚合物粉体颗粒进行球形化处理方面的研究较少。J. Schmidt 等[15,16]通过将湿磨后的 PS 或 PBT 粉体通入到经过特殊设计的高温管道式流化床中对其进行球形化，球形化后的 PS 或 PBT 粉体颗粒的球形度、流动性以及堆积密度都得到了改善，但该方法要求针对不同熔点的聚合物需要设计不同长度的管道。此外，聚合物在熔融状态下极易黏附到管壁上，造成堵塞，球化产率较低。谭陆西等[17]利用高温空气流化床对 PEEK 粉体进行球形化处理也存在类似问题。因此，功能复合粉体的球形化还存在很大的困难和挑战，如能实现聚合物基功能粉体球形化技术将有效推动SLS技术的发展和应用，实现压电复合材料的SLS加工。

本章首先通过固相剪切碾磨技术在常温下制备了PA11/$BaTiO_3$压电复合粉体，创新性地提出采用高沸点溶剂对碾磨得到的复合粉体进行球形化处理，得到适用于SLS加工的内部结构均匀、球形度高的PA11/$BaTiO_3$压电复合粉体。系统研究了球形化工艺参数，如固含量、温度、时间和溶剂分子量等对球形化效果的影响，对比研究了球形化前后复合粉体的表面结构、微观形态、流动和堆积特性的变化，详细研究SLS成型PA11/$BaTiO_3$压电复合材料的介电、压电和力学性能，为规模化制备适用于SLS加工的功能球形粉体及其SLS加工制备具有复杂结构的功能制件提供了新原理新技术新方法。

4.2 固相剪切碾磨制备PA11/$BaTiO_3$复合材料的结构研究

4.2.1 复合粉体及复合材料的微观结构

图4-1（a）是纯$BaTiO_3$纳米粉体的SEM图。从图中可以看出，纳米颗粒因本身具有较大的比表面能，发生了团聚现象。将纳米粉体颗粒进一步放大，可以观察到$BaTiO_3$颗粒几何形状接近球形，表面较光滑，其平均粒径约为500nm。$BaTiO_3$纳米粉体通常存在立方和四方两种晶型，其中四方晶型表现出比立方晶型更高的压电性能。据Shima等报道[18]，当$BaTiO_3$纳米颗粒尺寸低于100nm时会产生核-壳效应，即颗粒内部为四方相、表面为立方相。因此，要使$BaTiO_3$纳米颗粒具有良好的压电性能，需将颗粒尺寸控制在100nm以上，本书采用的$BaTiO_3$纳米颗粒在常温下表现出较好的铁电性。Raman分析可以准确地分辨$BaTiO_3$纳米粉体的晶型，如图4-1（b）所示。从图中可以看出，$BaTiO_3$纳米粉体在305~720cm^{-1}范围内出现了三个强峰，对应的是其四方晶型的A1和E对称振动模式[19]。图4-1（c）是$BaTiO_3$含量为60%（质量分数）的PA11/$BaTiO_3$复合粉体的微观形貌。从图中可以看出，在强大的三维剪切力场作用下，PA11颗粒被粉碎为微小的颗粒，比表面积增大。$BaTiO_3$颗粒在强大的机械力作用下也出现了解团聚，呈现单分散形式，$BaTiO_3$颗粒黏附在PA11粉体颗粒的表面或镶嵌在PA11粉体的内部，具有良好的稳定性，也是复合材料形成均匀结构的根本原因。

图 4-1 $BaTiO_3$ 纳米颗粒的 SEM 图像（a），$BaTiO_3$ 纳米颗粒的拉曼光谱（b）和通过 S3M 研磨 10 次复合粉体（PA11 和 60%$BaTiO_3$ 纳米颗粒）的 SEM 图（c）

图 4-2 显示了不同条件下制备的 $PA11/BaTiO_3$ 复合材料中 $BaTiO_3$ 颗粒在 PA11 中的分散情况。其中图 4-2（a）为仅通过熔融共混得到的 $PA11/BaTiO_3$ 复合材料的脆断面，图 4-2（b）为经过固相剪切碾磨和熔融共混得到的 $PA11/BaTiO_3$ 复合材料的脆断面，两个样品中 $BaTiO_3$ 的含量均为 60%。从图中可见，$BaTiO_3$ 颗粒在未经碾磨的复合材料出现了明显的团聚现象，颗粒与基体之间出现了明显的孔隙，说明两者之间的界面结合作用较差。而经过碾磨后，$BaTiO_3$ 颗粒在 PA11 基体中分散良好，两相之间的界面作用也明显改善。聚合物基压电复合材料的电性能不仅与聚合物基体及陶瓷自身的特性有关，还与两者之间的界面结合有关。良好的界面结合力有利于材料实现力电转换[20]。磨盘形力化学反应器强大的三维剪切力能够同时实现纳米粒子在聚合物基体中的均匀分散和聚合物颗粒的粉体化，改善了复合材料的综合性能。此外，该技术能够在常温下实现聚合物颗粒的粉体化，不消耗任何溶剂，环境友好，在规模化制备 SLS 用功

能复合粉体方面有很大的潜力。

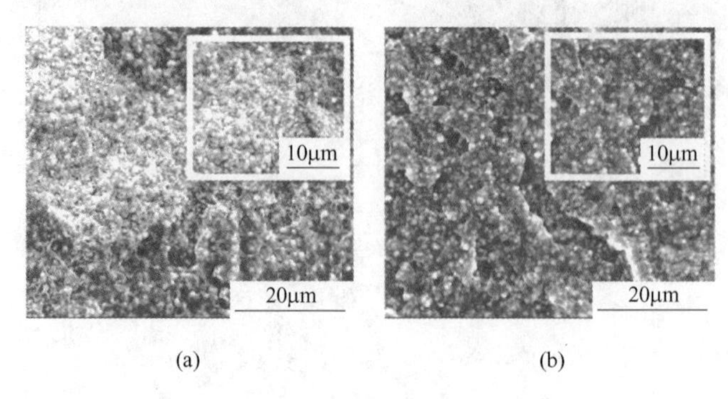

图4-2　通过热压处理的PA11/60%$BaTiO_3$纳米复合材料的脆断面

（a）未经碾磨；（b）经碾磨

4.2.2　复合粉体的晶体结构

聚合物基压电复合材料的电性能由聚合物和陶瓷两相的共同性质决定。聚合物和陶瓷的晶体结构对复合材料的压电性能有重要的影响。图4-3为$BaTiO_3$纳米粉体、碾磨前后的PA11树脂以及不同$BaTiO_3$含量的复合粉体的XRD谱图。从图中可以看出，未碾磨的PA11有三个主峰分别位于7.2°、20.2°和23.0°，分别与PA11的α晶型的晶面（001）、（100）及（010/110）的衍射峰对应[21]。对于PA11存在五种晶型，各晶型的偶极子密度和取向不同导致其对PA11压电性能的贡献不同[22]。其中PA11中非极性的γ晶型比极性的α晶型表现更高的压电性，这是因为极性的α晶型由氢键片层组成，难以极化取向[23]，然而γ晶型通常在PA11中的含量较低，PA11中主要存在的是α晶型。对比碾磨前后PA11的XRD谱图可以发现，碾磨后的（010/110）晶面的衍射峰消失，主要是碾磨在一定程度上破坏了PA11的晶体结构，无定形化程度增加。相比碾磨的PA11粉体，PA11碾磨复合粉体中的衍射峰强度明显减弱，这是由于$BaTiO_3$粉体的稀释效应，随着$BaTiO_3$含量的增加，这种效应更加明显。$BaTiO_3$是一种典型的具有钙钛矿结构的位移型铁电体，其晶体结构的对称性随温度的降低逐渐下降。据文献报道[24,25]，$BaTiO_3$颗粒的居里温度约为120℃，在居里温度以上时，$BaTiO_3$呈现立方原型相，为顺电相，只有在外加电场下才可以发生相畴的有序化即极化，极化程度和外电场的强度正相关。当体系的温度降低至居里温度以下时，$BaTiO_3$颗粒中正负离子沿某一晶体学方向产生相对位移，晶胞沿着 c 轴<001>方向被拉长，形成四方晶相。此时晶体中的正负电荷中心不重合，即使在不加外电场作用下，晶体中仍然存在电偶极矩，从而产生自发极化，使 $BaTiO_3$ 颗粒具有铁电性。四方晶相是 $BaTiO_3$ 在常温下的稳定相。通常，四方晶相 $BaTiO_3$ 粉体在 XRD 图谱中 2θ 约在 45°会出现两个特征峰，分别对应（002）和（200）晶面[26]。从图 4-3 可以看出，碾磨后复合粉体中 $BaTiO_3$ 颗粒的晶型未发生变化，仍然是四方铁电体，表明碾磨不会破坏陶瓷颗粒的晶体结构。

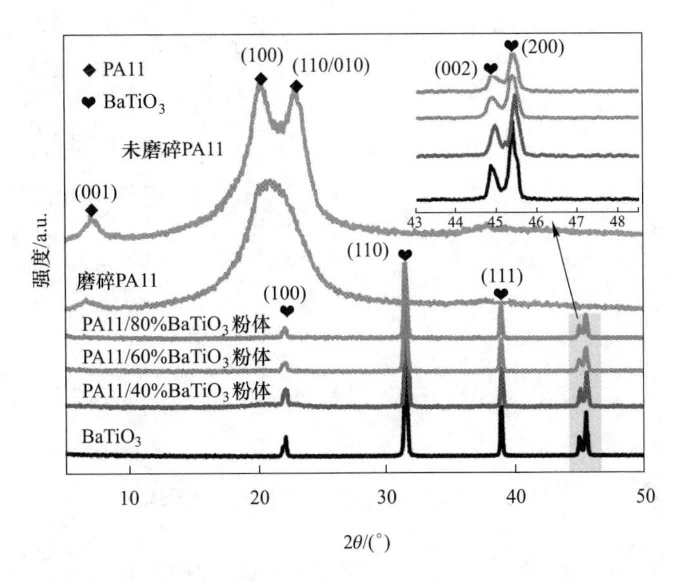

图 4-3 固相剪切研磨处理的 PA11 和 PA11/$BaTiO_3$ 纳米复合粉体的 X 射线衍射图

（为了进行比较，还列出了未处理的 PA11 和 $BaTiO_3$，嵌入是在完整图案中突出显示的峰值的详细视图）

4.2.3 复合粉体的熔融和结晶性能

在 SLS 加工过程中，粉体的热性能对整个烧结过程和成型制件的性能有着重要的影响。在激光选区加热粉体前，整个粉床需要预热到一定温度，该温度的选择取决于聚合物材料的玻璃化温度或熔点。如果预热温度过高，粉床将会发生结块或烧结盈余现象，影响制品的成型精度；如果温度太低，烧结件在冷却的过程中会结晶收缩翘曲，翘曲的制件会被辊轴刮走，无法完成整个烧结过程。因此，在SLS加工开始之前，需要了解粉体的相关热物性参数，为烧结过程提供理论参考[27]。我们通过DSC测试了复合粉体的熔融和结晶行为。通过DSC测试，可以获得复合粉体的初始熔融温度（T_{im}）、熔融温度峰值（T_{pm}）、初始结晶温度（T_{ic}）、结晶温度峰值（T_{pc}）、熔融焓（ΔH_m）、结晶度（X_c）以及烧结窗口（Sintering Window，SW），其中烧结窗口为材料的初始熔融温度和初始结晶温度的差值，如图4-4和表4-1所示。从图4-4中可以看出，未碾磨的粉体熔融温度较高，说明粉体在烧结过程中需要较高的激光能量补偿才能熔融。

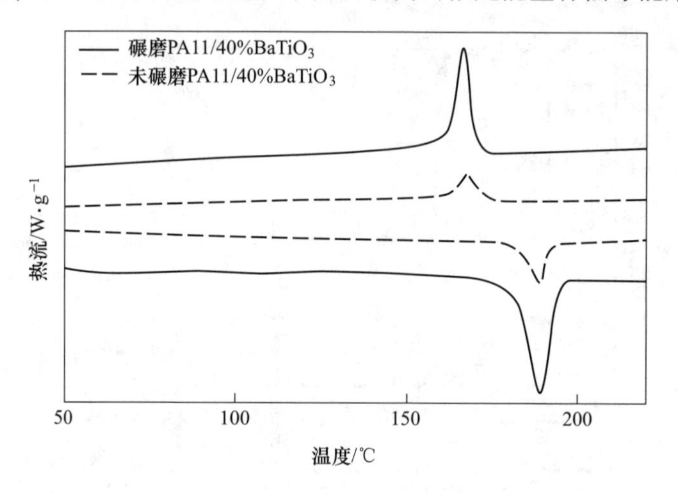

图4-4 PA11/40%$BaTiO_3$纳米复合粉体有无碾磨的DSC加热和冷却曲线

表4-1 通过DSC测量获得的PA11/$BaTiO_3$纳米复合粉体的热参数

参　　数	T_{im}/℃	T_{ic}/℃	ΔH_m/J·g^{-1}	X_c/%	SW/℃
碾磨粉体	182.5	170.4	30.5	22.5	12.1
未碾磨粉体	182.8	172.7	42.8	31.6	10.1

从表4-1可以看出，碾磨过程不影响复合粉体的初始熔融温度，但可有效降低复合粉体的初始结晶温度，从而使复合材料粉体的烧结窗口变宽。$BaTiO_3$的含量为40%时，经碾磨复合材料粉体的烧结窗口为12.1℃，而未碾磨的复合材料粉体的烧结窗口为10.1℃，烧结窗口越宽，越有利于SLS加工，形成的制品的尺寸精度就越好。此外，碾磨后复合材料粉体

的结晶度下降，这是因为碾磨过程中强大的三维力场使聚合物的分子链断裂，聚合物的晶区被破坏，发生无定形化[28]。因此，固相剪切碾磨处理能够有效改善聚合物基功能复合粉体的加工性能。

4.2.4 复合粉体的流变性能

SLS 加工不同于传统的高分子熔融挤出、注塑等加工方法，整个过程无剪切力，主要依赖于熔融颗粒之间的表面张力实现相邻颗粒间的黏结。Frenkel 模型能够很好描述两球形液滴模型的黏结过程，Frenkel 烧结颈长公式[29]如下：

$$\frac{x}{a}=\frac{3}{2\pi}\times\frac{\gamma}{a\eta}t \tag{4-1}$$

式中 x——t 时间时圆形接触面颈长即烧结颈半径；

γ——材料的表面张力；

η——材料的零剪切黏度；

a——颗粒半径。

Frenkel 烧结颈长公式表明，颗粒之间的融合与材料的表面张力、黏度有关。聚合物粉体颗粒的表面张力越大，零剪切黏度越小，颗粒间的成颈速率就越快。因此，考察固相剪切碾磨对复合粉体黏度的影响是很有必要的。不同加工工艺得到的复合材料粉体在 210℃下的动态流变性能如图 4-5 所示。从图中可以看出，聚合物的黏度随填料含量的增加而上升，这

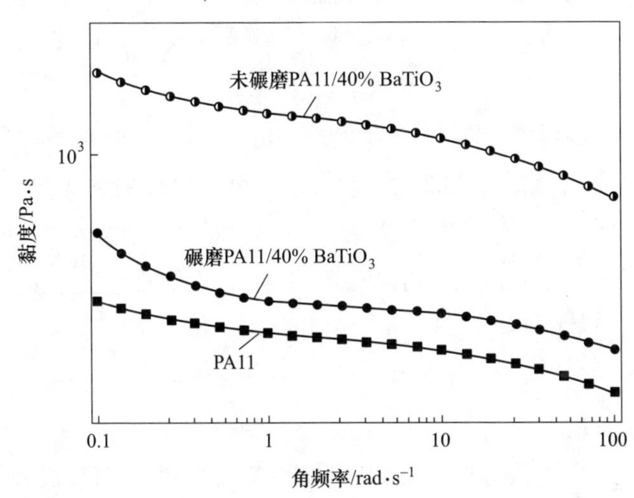

图 4-5 在 210℃下测量的 PA11 和 PA11/$BaTiO_3$ 纳米复合材料的黏度对频率的依赖性

主要是填料的加入阻碍了分子链的运动。此外，在相同的填料含量下，经过碾磨处理得到的复合材料的黏度在整个频率范围内低于未碾磨处理的复合粉体，这是因为固相剪切碾磨过程提供的强大的三维剪切力能够使聚合物的分子链断裂并实现纳米颗粒在聚合物基体中的良好分散，从而使复合材料的黏度降低。特别是低频区，碾磨后的复合粉体的黏度下降近一个数量级。因此，通过固相剪切碾磨处理的复合粉体在烧结的过程中更容易熔融黏结，有效提高烧结件的层间作用力。

由上述分析可知，固相剪切碾磨能够提高纳米颗粒在聚合物基体中的分散性并改善了两者的界面相容性，拓宽了复合粉体的烧结窗口，降低了复合粉体的熔体黏度，因此固相剪切碾磨在 SLS 加工过程中有其独特的优势，可赋予复合材料粉体良好的烧结性能。

4.2.5 复合粉体的 SLS 加工性能

通过固相剪切碾磨技术直接制备的 PA11/$BaTiO_3$ 纳米复合粉体在烧结或储存的过程中会因两相密度不同出现“沉析”现象，导致复合材料的内部结构不均匀，因此，需要将碾磨后的复合粉体熔融挤出，然后再粉碎，这样可以将无机纳米粒子固定在聚合物基体中，确保其在烧结或储存的过程中不会出现“沉析”现象。该方法所得到的 PA11/40%$BaTiO_3$ 纳米复合粉体的微观结构如图 4-6（a）所示。从图中可以看出，$BaTiO_3$ 纳米颗粒包裹在 PA11 基体中，复合粉体颗粒呈扁平状，边缘凸凹不平，有较多的毛刺，从而会影响粉体的流动性和堆积密度。图 4-6（b）为该复合粉体在烧结过程中的照片，整个烧结过程未出现翘曲或者熔池，但烧结的样品表面出现较多的孔隙，且有烧结盈余现象产生，如图 4-6（c）所示。进一步通过扫描电镜观察烧结样品的脆断面，从图 4-6（d）中可见样品内部形成大量三维开孔通路，附近颗粒因粉体堆积密度太小出现彼此无法连接的现象，导致样品的综合性能较差。进一步增加放大倍数，如图 4-6（e）和（f）所示，可见单个断裂颗粒的内部呈现中空的纤维化结构。因此，单纯通过固相剪切碾磨方法制备复合粉体是无法用于 SLS 加工，需要对该粉体进行球形化处理来改善粉体的流动性和堆积密度，从而实现该粉体在 SLS 加工中的应用。

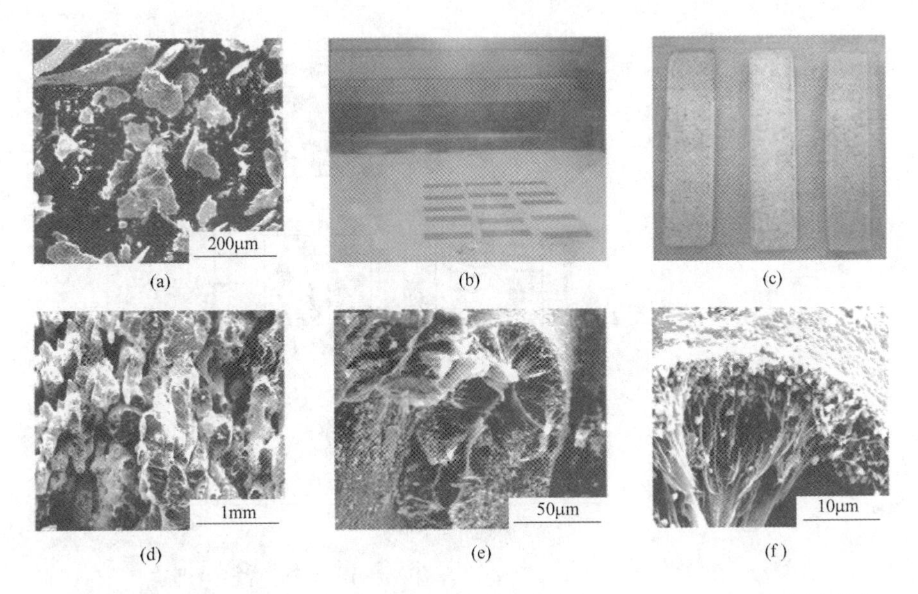

图 4-6 通过结合固相剪切碾磨和熔融挤出技术制备的 PA11/40%$BaTiO_3$ 复合粉体(a)、烧结过程(b)、烧结件(c)和不同放大倍率下烧结件的断面(d)~(f)

4.3 PA11/$BaTiO_3$ 复合粉体的球形化

4.3.1 球形化方法的提出

4.3.1.1 高分子相分离机理分析

聚合物共混材料由于制作工艺简单，成为目前聚合物新材料研发的重要方向。由于聚合物之间性质不同，导致两相间的结合性能差异较大，聚合物共混材料的形态控制是目前高性能材料研发的重点[30~32]。高分子共混物的微观结构主要受到混合方式、混合时间、剪切速率、共混物组成、组分间黏度比和界面张力等条件的影响。由于大部分聚合物之间的混合熵很小，导致大多数共混物为不相容体系，很难在分子水平上混合。对于不相容的 A/B 二元共混体系，内部形态演变会随两相的体积比而发生变化，经历分散结构—共连续结构—分散结构的过程，如图 4-7 所示。高分子二元共混体系的内部结构演变机理主要是分散相的液滴在沿流场方向被拖曳导致的。这种拖曳作用导致分散相变形，成为片状或纤维状。而片状或纤

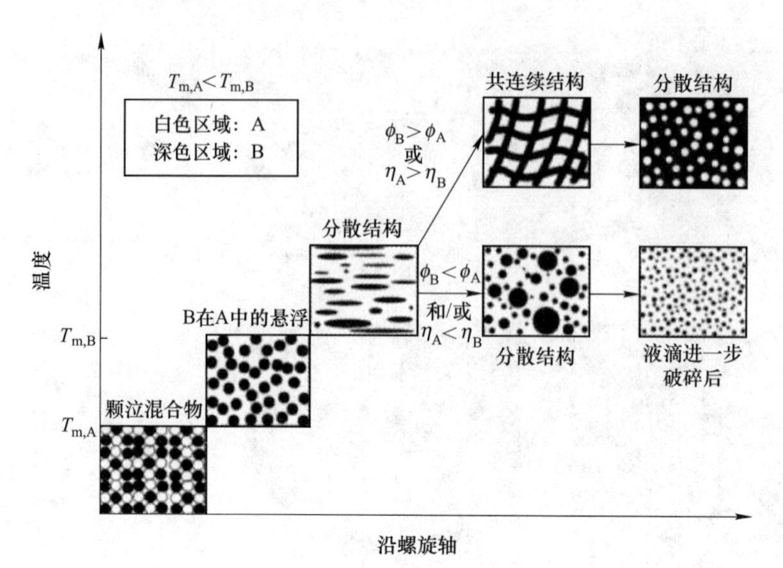

图 4-7 描述了二元不混溶的聚合物 A 和 B 沿双螺杆挤出机的共混物形态的演变[34]

（假定聚合物 A 的熔点低于聚合物 B 的熔点）

维状的聚合物在剪切和表面张力的作用下极不稳定，在其内部产生大量孔洞。含有大量孔洞结构的片状聚合物熔体最终破裂成形状接近球形的小液滴。整个变形和破碎过程只需要几分钟，在无外界流场作用下，体系会趋于稳定[33]。

截至目前，大量研究人员通过建立数学模型来预测不相容二元共混体系在剪切流变场中分散相液滴的尺寸。其中 Taylor[35] 研究了牛顿液滴在简单剪切场下的变形和破碎，当液滴受到的剪切力和界面张力达到平衡时，他们得到公式（4-2）来预测液滴的最大直径 d：

$$d=\frac{16\sigma(\eta_r+1)}{\gamma\eta_m(19\eta_r+16)} \tag{4-2}$$

式中 γ——剪切速率；

σ——界面张力；

η_m——连续相基体的黏度；

η_r——分散相液滴的黏度 η_d 与 η_m 的比值。

公式（4-2）只适用于两相黏度比小于 2.5 且只发生小变形的二元高分子共混体系。

Wu 等[36]通过双螺杆挤出机制备数种聚合物/橡胶二元共混材料，发现熔融共混过程中分散相的尺寸可以通过 Weber 数和黏度比来描述，关系如公式(4-3)所示：

$$D_{Wu} = 4(\eta_r)^{\pm 0.84} \frac{\sigma}{\eta_m \gamma} \tag{4-3}$$

式中 D_{Wu}——通过 Wu 氏方程得到的分散相的理论直径。

当 η_r 的值大于 1 时，D_{Wu} 取正值；当 η_r 的值小于 1 时，D_{Wu} 取负值。Wu 氏方程未考虑分散相浓度的影响，其分散相体积浓度为定值 15%，且共混体系中的分散相存在粘连现象。也就是说，当分散相的浓度进一步升高时，分散相液滴在破碎过程中相遇的概率增大，液滴粘连现象就会变得更加严重，该公式也就不适用了[37]。

Serpe 等[38]考察了二元高分子共混体系中分散相的体积含量对分散相尺寸的影响，得到了下面的经验公式：

$$d = \frac{\sigma We^*}{1-(4\varphi_d \varphi_m)^{0.8} \gamma \eta_b} \tag{4-4}$$

式中 φ_d，φ_m——分散相和连续相基体的体积含量，且：

$$We^* = 4(\eta_r)^{\pm 0.84} \tag{4-5}$$

从以上公式中可见，分散相的液滴尺寸与两相的黏度比、界面张力以及剪切速率有关。界面张力越低，连续相和分散相的黏度越接近，分散相的尺寸就越小。当分散相的浓度超过一定值时，二元体系内部形态将演变为共连续结构。

虽然高分子二元共混体系中形成的球形或椭球形分散相可能不利于材料的综合性能，但是该方法为复合粉体的球形化提供了理论借鉴和实验思路。根据上述相分离理论，若想得到粒径一定的分散相液滴，只需要合理调控二元相分离体系的体积比、黏度比、界面张力以及加工过程中的剪切速率。对于固相剪切碾磨制备的功能复合粉体，其粒径和内部结构是一定的，如果想实现其在不相容体系中的球形化，只能依靠自身的表面张力，因为施加剪切力场会破坏复合粉体的初始结构，导致无机粒子从复合粉体中析出，影响粉体的综合性能。本书选用高沸点溶剂 A 作为 PA11/$BaTiO_3$ 体系的球形化溶剂。

4.3.1.2 PA11和高沸点溶剂在高温条件下界面张力的理论计算

在无剪切力场作用下，两相间的界面张力是粉体球形化的关键因素。要确定两相高分子的界面张力，首先要确定每一相的表面张力。目前高分子熔体的表面张力主要通过熔融体和悬滴法测定[39,40]。通常聚合物在较高温度熔融时已发生氧化降解，导致高分子熔体表面张力的实验测试较难，也不容易准确测定。因此，目前大部分聚合物在高温下的表面张力都是通过理论计算出来的，结果表明，理论计算得到的表面张力和实际测得的表面张力基本接近[41]。Guggenheim[42]通过测量高分子在不同温度下的表面张力，发现温度与表面张力遵循下面关系式：

$$\sigma = \sigma_0 (1 - T/T_c)^{11/9} \tag{4-6}$$

式中 σ_0——$T=0K$ 时的表面张力；

T_c——聚合物的临界温度。

对公式（4-6）进行微分，得：

$$\frac{d\sigma}{dT} = \frac{11}{9}\left(\frac{\sigma_0}{T_c}\right)\left(1 - \frac{T}{T_c}\right)^{2/9} \tag{4-7}$$

展开公式（4-7）得：

$$\frac{d\sigma}{dT} = \frac{11}{9}\frac{\sigma_0}{T_c}\left[1 - \frac{2T}{9T_c} - \frac{7}{87}\left(\frac{T}{T_c}\right)^2 - \frac{112}{2187}\left(\frac{T}{T_c}\right)^3 - \cdots\right] \tag{4-8}$$

一般聚合物的临界温度都在1000K左右，当温度 T 远远小于临界温度 T_c 时，$d\sigma/dT$ 接近一个常数，聚合物的表面张力和温度呈线性或接近线性的关系。因此，通过测定任意温度下聚合物的表面张力，可以用下面公式计算聚合物熔体在高温条件下的表面张力：

$$\frac{d\sigma}{dT} = \frac{\sigma(T_2) - \sigma(T_1)}{T_1 - T_2} \tag{4-9}$$

式中 $d\sigma/dT$——表面张力随温度变化的温度系数；

T——聚合物的温度；

$\sigma(T)$——某一温度下聚合物的表面张力。

吴守恒[43]将表面张力分为非极性部分（色散力）σ^d 和极性部分 σ^p，采用半连续模型中能量的可加和概念，得到 $\sigma = \sigma^d + \sigma^p$，两相表面张力的调和平均公式如下：

$$\sigma_{12} = \sigma_1 + \sigma_2 - \frac{4\sigma_1^d\sigma_2^d}{\sigma_1^d + \sigma_2^d} - \frac{4\sigma_1^p\sigma_2^p}{\sigma_1^p + \sigma_2^p} \tag{4-10}$$

本书通过两种极性不同的液体二碘甲烷（CH_2I_2）和水（H_2O）来表征其在材料上的接触角，结合 Young 氏方程：

$$\sigma_{12} = \sigma_1 - \sigma_2\cos\theta \tag{4-11}$$

可以分别得到材料在常温条件下的表面张力、非极性部分和极性部分。二碘甲烷和水的相关性质见表 4-2。

表 4-2 界面特性测量中所用液体的特性[44] （mJ/m^2）

项 目	σ^p	σ^d	σ
CH_2I_2	2.6	47.4	50.0
H_2O	52.2	19.9	72.10

通过接触角测试，将测试结果代入公式（4-10）和公式（4-11），可以得到 PA11 高沸点溶剂在 25℃下的相关性质，见表 4-3。

表 4-3 25℃下聚合物的表面能参数 （mJ/m^2）

项目	σ^p	σ^d	σ
PA11	2.0	36.2	38.4
溶剂 A	17.2	26.5	43.7

PA11 的温度系数为 $-d\sigma/dT = 0.065mN/(m \cdot ℃)$[45]，通过公式（4-9）可以得到 PA11 和溶剂 A 在各温度下的表面张力，然后将结果代入到调和平均公式，得到各温度下两相的界面张力，如图 4-8 所示。可见，当温度为 190℃时，两相间的界面张力为 9.73mN/m，PA11 熔体和溶剂 A 间的界面张力随着温度线性降低，但是降低的幅度不大。

4.3.1.3 PA11 熔体在高沸点溶剂 A 中球形化的机理

前文表明，固相剪切碾磨法制备的 PA11 粉体几何形状不规则，如图 4-9(a)

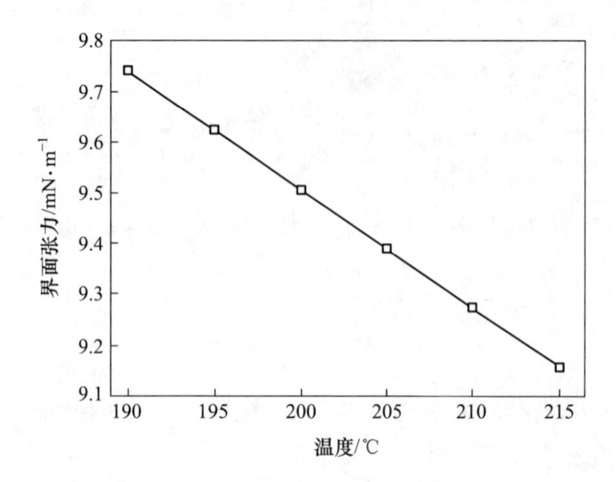

图 4-8　不同温度下 PA11 和溶剂 A 之间的表面张力

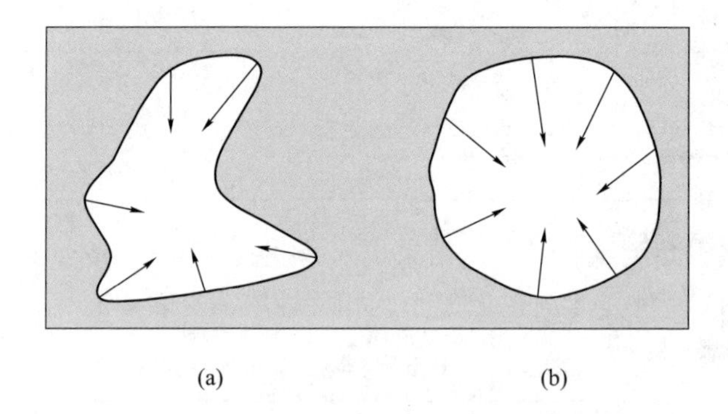

图 4-9　球形化过程中 PA11 熔融液滴的应力分析
（箭头方向即变形方向）

所示。分散在溶剂 A 中的 PA11 粉体在被迅速加热到熔点附近时，通过受力分析，其主要受到自身重力、表面张力以及黏滞力等。PA11 的球形化主要受表面张力和黏滞力的影响，但溶剂 A 的黏度很小，因此 PA11 所受到的黏滞力很小，表面张力是球形化的主要作用力。弯曲液面产生的压力差为[46]：

$$\Delta P = \sigma\left(\frac{1}{R_1} + \frac{1}{R_2}\right) \tag{4-12}$$

式中　σ——液滴的表面张力；

R_1，R_2——液滴表面上的主要曲率半径。

采用式（4-12）分析图 4-9 所示的复合粉体颗粒形状可以得知：对于单个熔融液滴颗粒而言，在表面张力相同的情况下，ΔP 与半径 R_s 成反比关系，而只有当颗粒表面上各点处的受力相等时才是平衡状态，这时颗粒应呈球形。如果颗粒呈图 4-9（a）所示时，则为非平衡状态，即在颗粒表面上 R_s 较大的地方正应力 ΔP 较小，而 R_s 较小的地方正应力 ΔP 较大。这种情况下，由于力作用的不平衡，将使颗粒表面发生变形，直至颗粒表面上各点的受力都达到相等时为止（由不平衡态变为平衡态），而此时颗粒表面各点处的 R_s 值也达到相等，颗粒变成了球形，如图 4-9（b）所示。从另一方面，根据热力学第二定律，体系处于稳定状态时其自由能储量应处于最低状态，即体系会自动向着减少表面积，降低表面自由能的方向变化。对于单个颗粒来讲，表面积越小，其表面自由能的量值越小。而对于同样体积的物体，表面积以球形最小。

4.3.2 PA11/$BaTiO_3$ 复合粉体球形化过程

PA11/$BaTiO_3$ 复合粉体的球形化过程如图 4-10 所示。简单可以概括为，碾磨—熔融挤出—碾磨—球形化。第一次碾磨能够实现 $BaTiO_3$ 陶瓷颗粒在 PA11 中的均匀分散，改善两者间的界面相容性。由于 PA11 和 $BaTiO_3$ 具有一定的密度差，如果直接将碾磨粉体分散到溶液中，陶瓷颗粒只是通过比较弱的作用力黏附或镶嵌在 PA11 上，两者会出现相分离，因

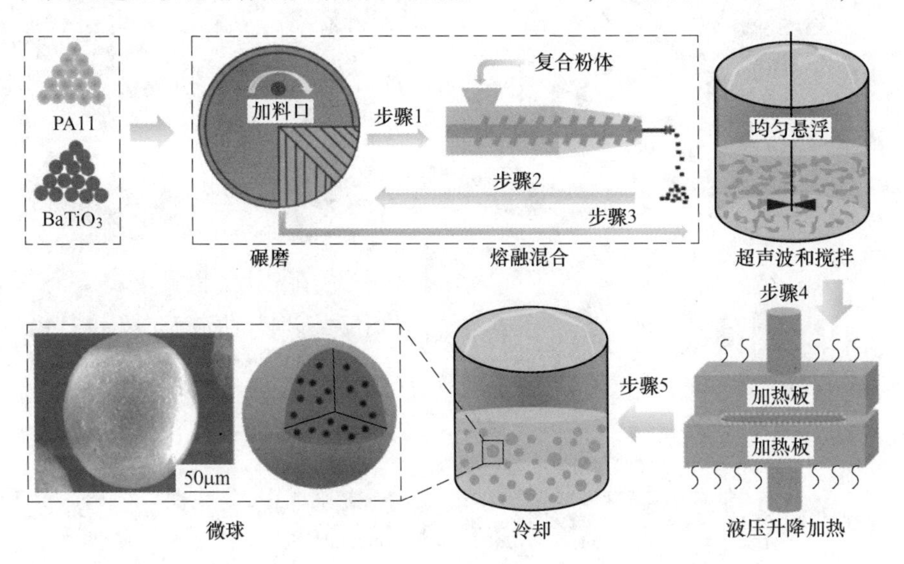

图 4-10 球化过程示意图

此有必要加入熔融挤出步骤来实现PA11对$BaTiO_3$陶瓷颗粒的黏结固定。然后再将熔融挤出的复合粒子碾磨得到粒径适宜的复合粉体。由于高沸点溶剂A和PA11是两相不相容体系，并且具有一定的黏度，将复合粉体通过超声加热搅拌将复合粉体均匀地分散到溶剂A中，溶剂有一定的黏度可以防止复合粉体颗粒沉降，使复合粒子被固定在特定的空间中，防止彼此相互接触。通过瞬时高温加热使不规则聚合物粉体颗粒表面熔融，在表面张力、内聚力等复杂作用力场下发生球化收缩。然后通过迅速冷却、过滤、洗涤、过筛得到球形度良好的复合粉体。我们以$BaTiO_3$质量分数为40%的复合粉体为例，探讨各因素对球形化效果的影响。

4.3.3 PA11/$BaTiO_3$复合粉体在高沸点溶剂A中的稳定性

常温条件下观察复合粉体在溶剂A中随时间变化的过程，判断复合粉体在溶剂A中的稳定性，如图4-11所示。当放置时间小于60min时，复合粉体在溶剂A中未出现明显的沉降现象。随着时间的进一步延长，当达到120min时，复合粉体只是在很小程度上出现了沉降现象，溶剂A

图4-11 PA11/40%$BaTiO_3$复合粉体在溶剂A中的稳定性

(a) 1min；(b) 2min；(c) 3min；(d) 5min；
(e) 10min；(f) 30min；(g) 60min；(h) 120min

分子吸附在粉体颗粒表面，形成稳定的包覆层。根据位阻稳定理论，颗粒被分子包覆后，当粒子相互接触时，在稳定区域内起稳定作用的高分子链浓度将明显增加，从而使体系的自由能急剧增加，这种混合自由能产生了相应的排斥位能[47]，恰恰这种排斥位能赋予体系良好的稳定性。在固液两相界面构成网络结构形成稳定的分散结构，稳定分散体系为复合粉体的球形化提供了实验基础。

4.3.4 固含量对复合粉体球形化效果的影响

4.3.4.1 复合粉体在不同固含量下的微观形貌

在球化温度为210℃、球化时间为3min条件下，研究了复合粉体在溶液中的体积含量对球形化的影响，得到的复合粉体的微观形貌如图4-12所示。从图4-12（a）中可以看出，碾磨后的复合粉体几何形状不规则，呈棒状或片状。当溶液中复合粉体的体积含量低于27%时，如图4-12（b）和（c）所示，复合粉体颗粒被加热到熔点以上，在表面张力作用下收缩为球形度较高的粉体颗粒，颗粒表面较光滑，粒径分布均匀，颗粒间未出现黏结现象。当溶液中固含量达到32%（体积分数）时，如图4-12（e）所示，球形化效果不太理想，粉体颗粒间的距离降低导致粉体颗粒在球形化过程中彼此黏结，形成较大的团聚体，颗粒表面较粗糙。特别是悬浮液中的固含量达到35%（体积分数）时（图4-12（f）），粉体颗粒间的黏结现象更加严重。

4.3.4.2 复合粉体在不同固含量下的球形度

虽然通过SEM能直接观察到粉体颗粒的微观形貌，但无法定量描述

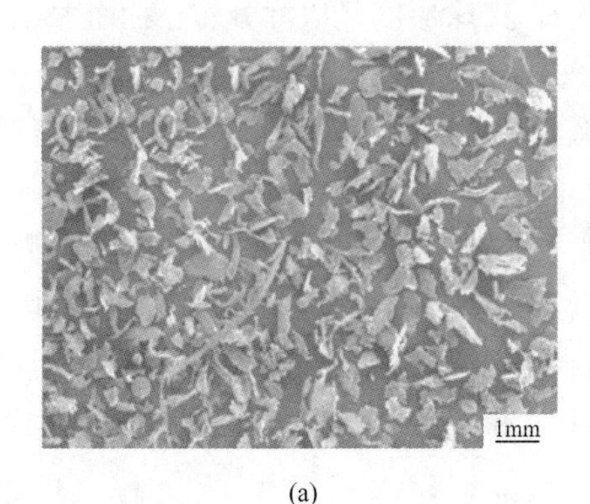

(a)

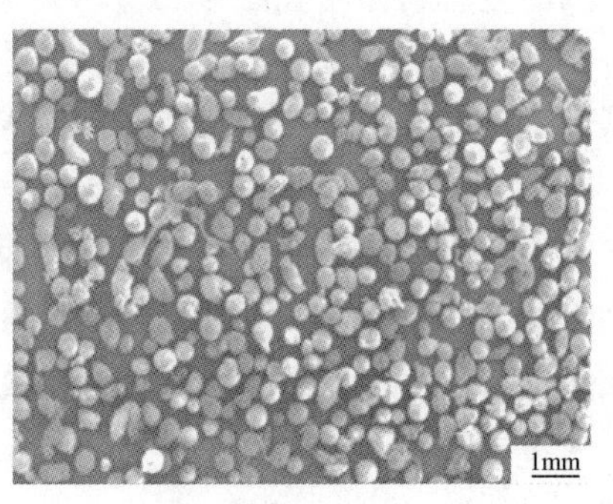

(b)

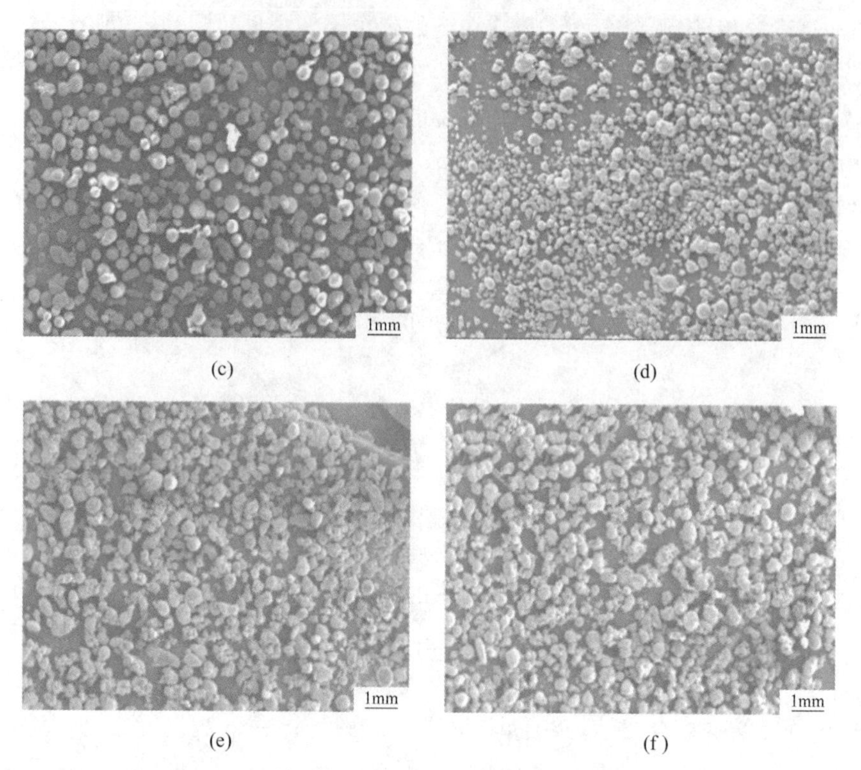

(c)　(d)

(e)　(f)

图 4-12　在溶液 A 中以不同体积分数制备的 PA11/40% $BaTiO_3$ 复合粉体的 SEM 图像
（此过程中使用的温度和时间分别为 210℃和 3min）
（a）0%；（b）5%；（c）20%；（d）27%；（e）32%；（f）35%

球形化粉体的几何特征参数。因此，我们采用动态颗粒图像粒度粒形测量装置定量描述各球形化条件下的颗粒几何特征参数，准确反映粉体的球形化效果。图 4-13 为不同固含量下复合粉体的球形度分布情况。对于碾磨得到的复合粉体，如图 4-13（a）所示，其球形度呈双峰分布，两个峰的分布区间分别为 0. 6～0. 95 和 0. 95～1. 0，且高球形度的峰面积远远小于低球形度的峰面积。当悬浮液中的固含量为 5%（体积分数）和 20%（体积分数）时，如图 4-13（b）和（c）所示，复合粉体颗粒的球形度同样呈双峰分布，两个峰的分布区间分别为 0. 75～0. 95 和 0. 95～1. 0，相比碾磨得到的复合粉体，其球形度明显增加。当固含量进一步升高时，如图 4-13（d）～（f）所示，复合粉体的球形度呈单峰分布，虽然粉体颗粒的球形度也处于 0. 75～1 范围内，但是球形度在 1 附近的粉体颗粒的数量明显降低。

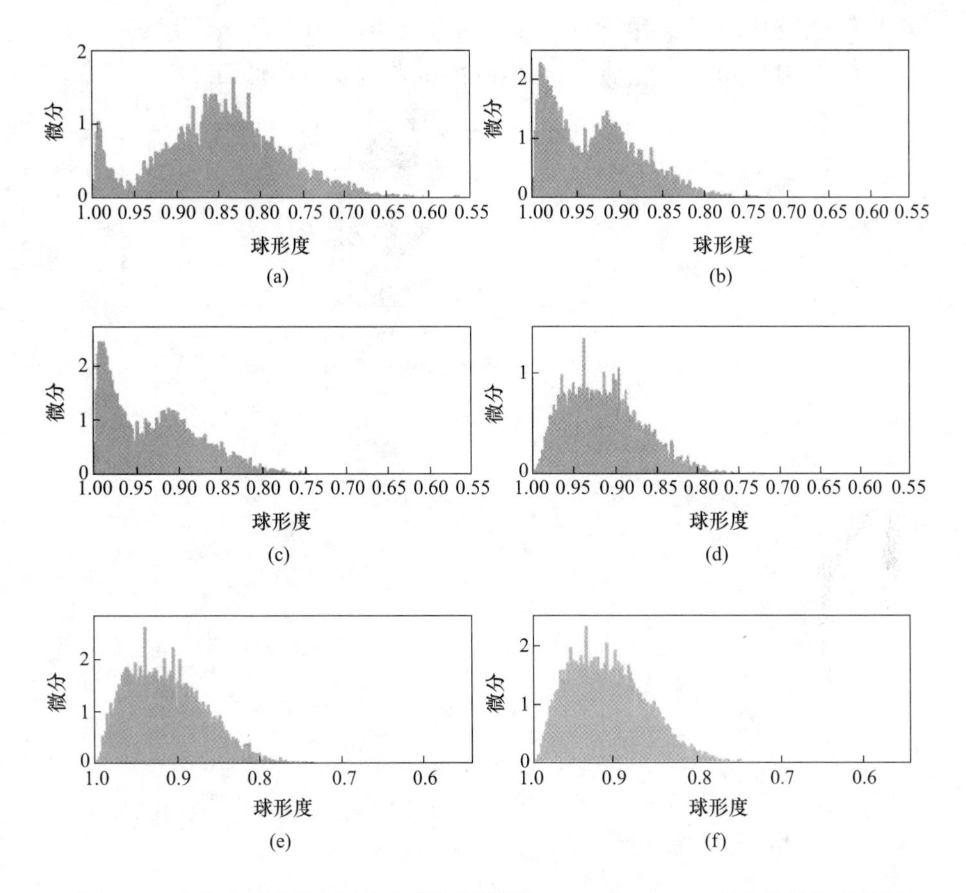

图 4-13 在溶液 A 中以不同体积分数制备的 PA11/40%$BaTiO_3$ 复合粉体的球形度

（此过程中使用的温度和时间分别为 210℃和 3min）

（a）0%；（b）5%；（c）20%；（d）27%；（e）32%；（f）35%

4.3.4.3 复合粉体在不同固含量下的圆角度-圆度

不同固含量下得到的复合粉体的圆角度和圆度分布如图 4-14 所示。从图 4-14（a）中可以看出，碾磨得到的复合粉体颗粒的圆角度和圆度呈狭长的带状分布，有明显的拖尾现象，圆角度处于 0.1~1.0 范围内，圆度处于 0.25~1.0 范围内，说明粉体颗粒边缘比较尖锐，毛刺现象较严重。当固含量为 5%（体积分数）和 20%（体积分数）时，如图 4-14（b）和（c）所示，粉体颗粒的圆角度处于 0.25~1.0 范围内，圆度处于 0.45~1.0 范围内，但大部分颗粒的圆角度处在 0.5 以上，说明此条件下得到的复合粉体的边缘呈圆形。而当固含量达到20%（体积分数）以上时，如图4-14（d）~（f）所示，复合粉体的圆角度有降低趋势。

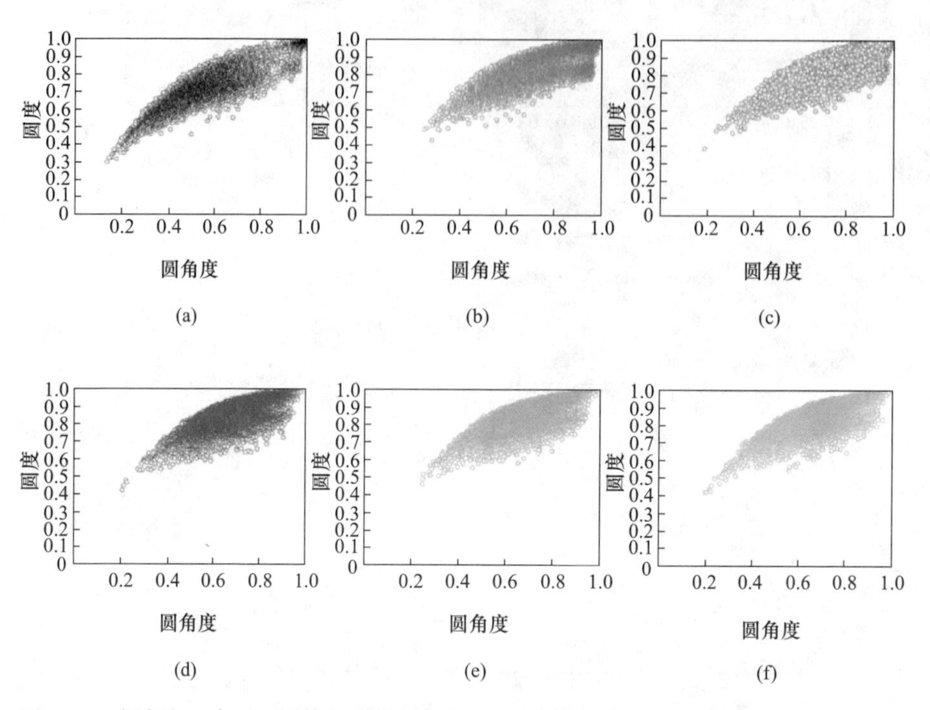

图4-14　在溶液A中以不同体积分数制备的PA11/40% $BaTiO_3$复合粉体的圆角度-圆度

（此过程中使用的温度和时间分别为210℃和3min）

（a）0%；（b）5%；（c）20%；（d）27%；（e）32%；（f）35%

综上可知，溶液中复合粉体的固含量对球形化有明显的影响。当溶液中的固含量低于20%（体积分数）时，复合粉体颗粒的表面光滑，颗粒间无黏结，球形度为0.75~1.0，圆角度为0.25~1.0，圆度为0.45~1.0。当溶液中的固含量进一步提高时，复合粉体颗粒的球形化效果变差，颗粒间存在黏结现象，主要是因为固含量增加导致粉体颗粒间的距离降低，进而在球化过程中黏结。因此，为了得到较好的球形化效果，溶液中复合粉体的固含量应保持在20%（体积分数）左右。

4.3.5　温度对复合粉体球形化效果的影响

4.3.5.1　复合粉体在不同处理温度下的微观形貌

在固含量为20%、球形化时间为3min条件下，研究了温度对球形化效果的影响。不同温度下得到的复合粉体的微观形貌，如图 4-15 所示。从图 4-15（a）中可以看出，在 190℃条件下，大部分粉体颗粒形状未发

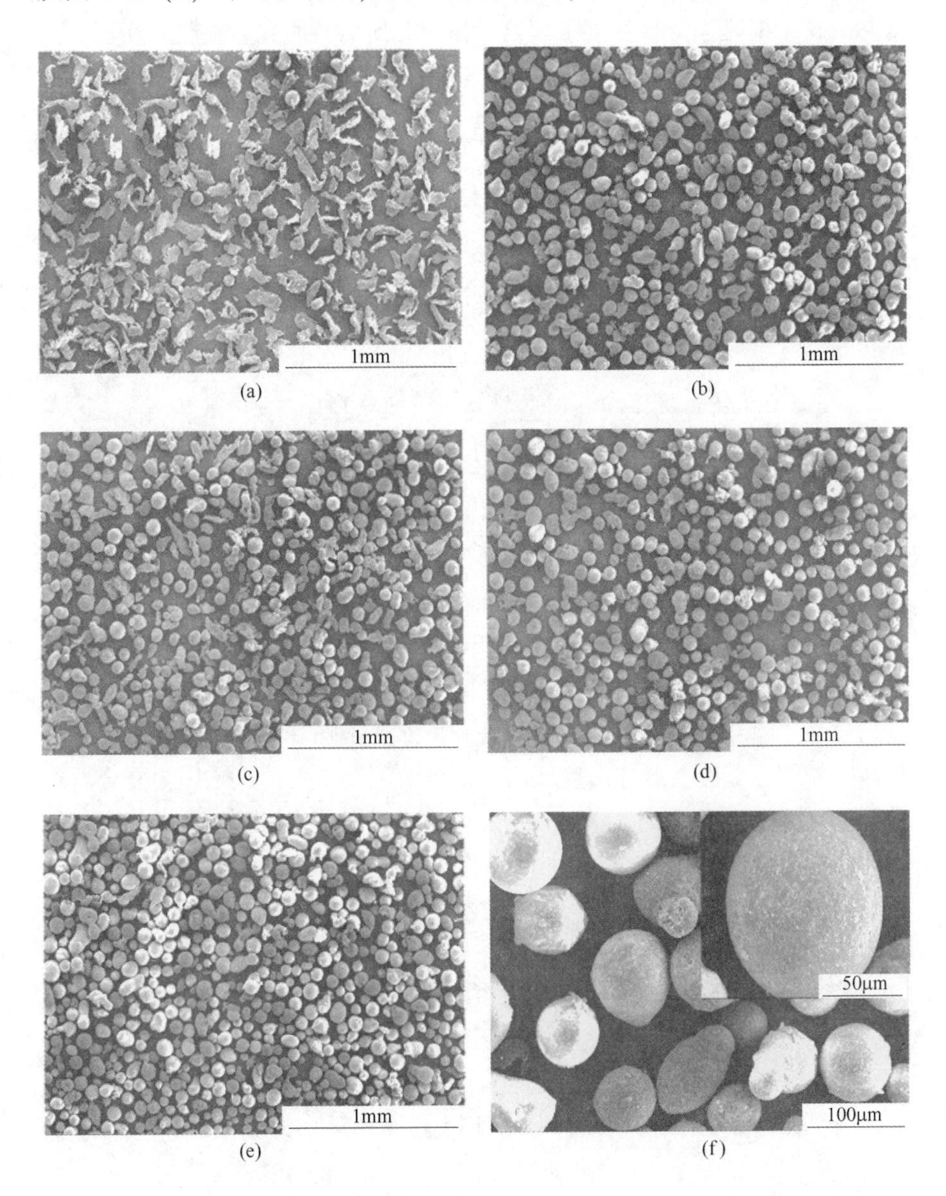

(a) (b) (c) (d) (e) (f)

图 4-15 在不同温度制备的 $PA11/BaTiO_3$ 复合粉体的 SEM 图像

（复合粉体的体积分数和在该过程中使用的时间分别为 20%和 3min）

（a）190℃；（b）195℃；（c）200℃；（d）205℃；（e）215℃；

（f）在 215℃制备的复合粉体的放大图

生明显变化，仍是无规则的条状或片状结构，只有小部分粒径较小的颗粒发生了球形化，说明温度在复合粉体熔点附近不足以使粒径较大的颗粒球形化，这主要是因为该温度下复合粉体熔融所需时间相对较长。当温度达到195℃和200℃时，如图4-15（b）和（c）所示，大部分复合粉体颗粒已经收缩成球，只有小部分粉体颗粒因为球形化不完全呈现棒状。而当温度达到205℃时，如图4-15（d）所示，粉体颗粒几乎全部呈几何形状规则的球形，颗粒间彼此不黏结，颗粒表面较光滑。随着温度进一步提高到215℃时，粉体颗粒球形化效果进一步改善，从图4-15（f）高放大倍数中可以看出，钛酸钡在PA11中的分散性良好，且复合粉体的球形度较高，接近完美球形。

4.3.5.2　复合粉体在不同处理温度下的球形度

图4-16为不同球形化温度下复合粉体的球形度分布情况，所有粉体的球形度都呈双峰分布。当温度在190℃时，如图4-16（b）所示，复合粉体颗粒的球形度明显提高，低球形度的峰区间不断向高球形度移动，球形度最小为0.75，相比未球形化的最小值0.6明显增加，说明该温度下部分颗粒发生了球化，只是球形化不完全。当温度达到195℃时，如图4-16（c）所示，粉体颗粒在高球形度区间的峰明显增强，远远高于低球形度的峰强。随着球形化温度进一步升高，如图4-16（d）~（f）所示，复合粉体颗粒的球形度在低球形度区间的最小值不断增大，这是因为复合材料的黏度随温度的升高而下降，分子链运动相对容易，从而粉体颗粒可在较短时间内完成球形化过程。

4.3.5.3　复合粉体在不同处理温度下的圆角度-圆度

不同球形化温度下得到的复合粉体的圆角度和圆度分布如图4-17所示。相比未球形化处理的复合粉体颗粒（图4-17（a）），球形化温度为190℃时的粉体颗粒的圆角度处于0.2~1.0范围内，圆度处于0.45~1.0范围内，如图4-17（b）所示，说明该温度下粉体边缘的凸出部分有软化收缩现象。而当温度达到195℃时（图4-17（c）），粉体颗粒的圆角度处于0.35~1.0范围内，圆度处于0.5~1.0范围内，处于该范围内的粉体颗粒基本趋于圆形。随着温度的进一步提高，如图4-17（d）~（f）所示，分布在低圆角度和低圆度范围内的粉体颗粒数量逐渐降低，趋于高圆角度和高圆度。

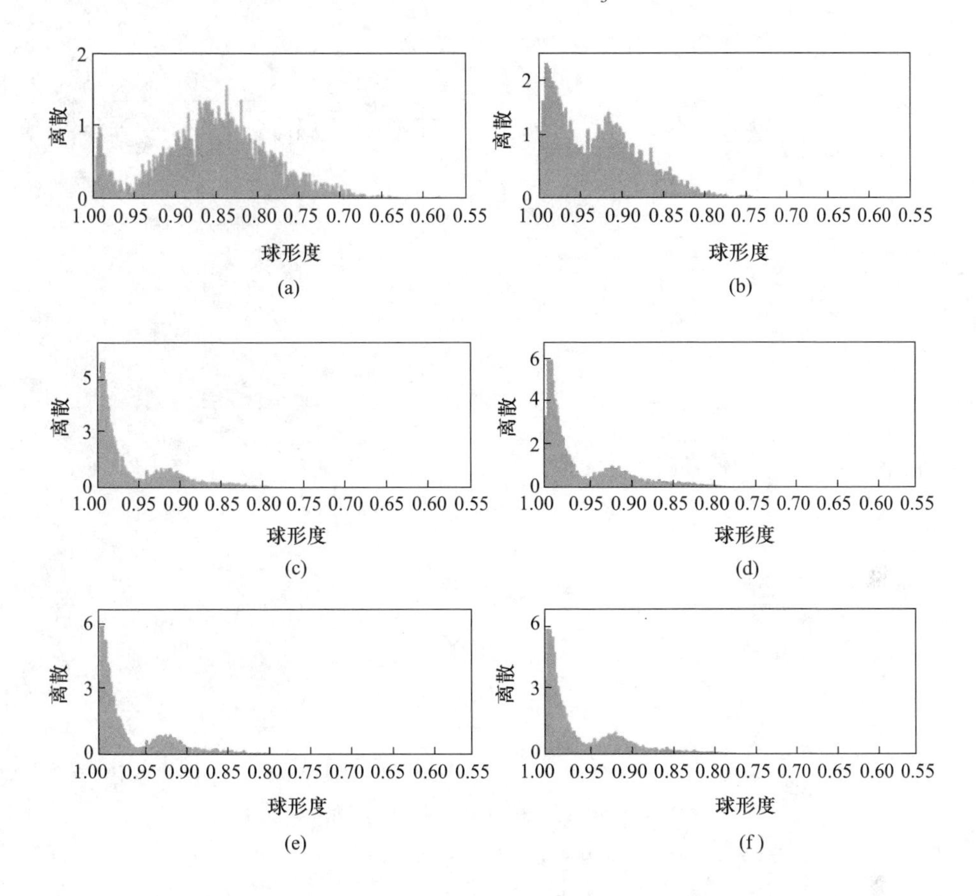

图 4-16　原始 PA11/$BaTiO_3$ 复合粉体的球形度和在不同温度下制备的复合粉体的球形度

（复合粉体的体积分数和在该过程中使用的时间分别为 20%和 3min）

（a）原始的；（b）190℃；（c）195℃；（d）200℃；（e）205℃；（f）215℃

综合以上结果，复合粉体颗粒的球形度、圆角度、圆度随着温度的上升而改善，当温度上升到一定程度时，这些参数增加的幅度降低。对于实际生产过程，过高的温度一方面会造成能量损失，另一方面诱导高分子降解。综合以上因素，粉体的最佳球形化温度处于 205~215℃。

4.3.6　球化时间对复合粉体球形化效果的影响

4.3.6.1　复合粉体在不同处理时间下的微观形貌

在固含量为 20%（体积分数）、球形化温度为 210℃下，研究了处理时间对球形化效果的影响。不同球形化时间下得到的复合粉体的微观形貌

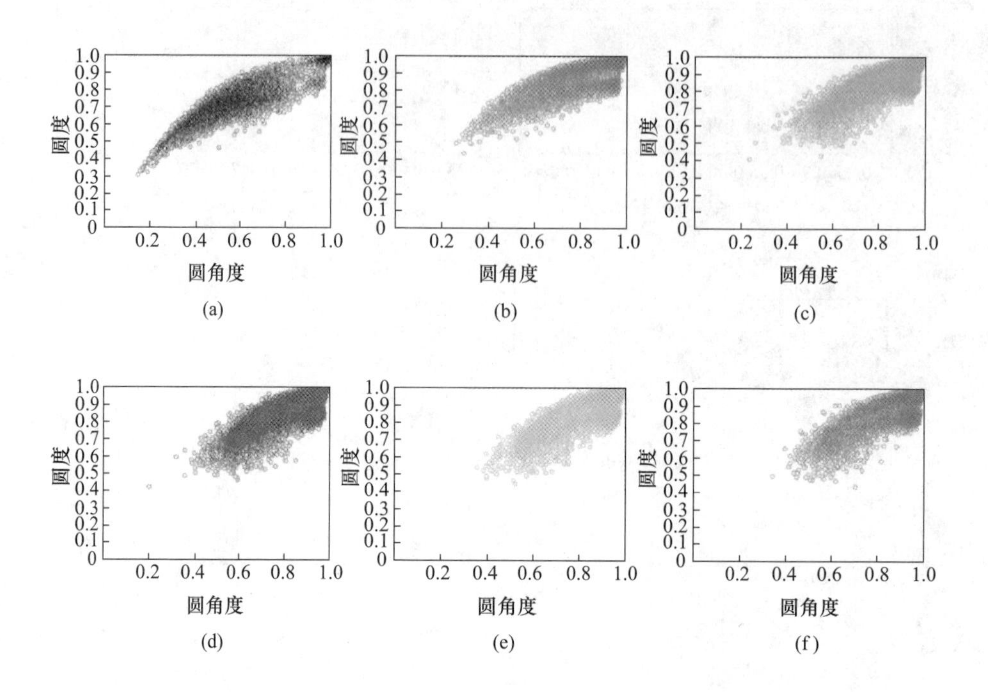

图 4-17 原始 PA11/$BaTiO_3$ 复合粉体的圆角度和圆度以及在不同温度下制备的复合粉体的圆度

（复合粉体的体积分数和在该过程中使用的时间分别为 20% 和 3min）

（a）原始的；（b）190℃；（c）195℃；（d）200℃；（e）205℃；（f）215℃

如图 4-18 所示。从图 4-18（a）中可以看出，当球形化时间为 1min 时，复合粉体中出现小部分球形颗粒，但粒径相对较小，这主要是粒径较小的颗粒对温度比较敏感，只需要较小的能量就可熔融收缩成球。对于粒径较大的粉体颗粒，其几何形状变化不大，但其边缘尖锐化程度降低。当球形化时间延长至 1.5min 时（图 4-18（b）），复合粉体中球形颗粒增多，大部分颗粒有收缩现象，但几何形状仍是呈不规则的。随着时间进一步延长至 2min 时（图 4-18（c）），复合粉体中大部分颗粒基本接近圆形，只有小部分粒径较大的颗粒呈棒状结构，球形化不完全。当球形化时间达到 2.5min 时（图 4-18（d）），复合粉体中的颗粒基本球形化。而当球形化时间为 3min 时（图 4-18（e）），复合粉体颗粒的球形化效果最好，从更高放大倍数的电镜图中可以看出（图 4-18（f）），粉体颗粒的表面较光滑，粉体颗粒间未出现相互黏结的现象。

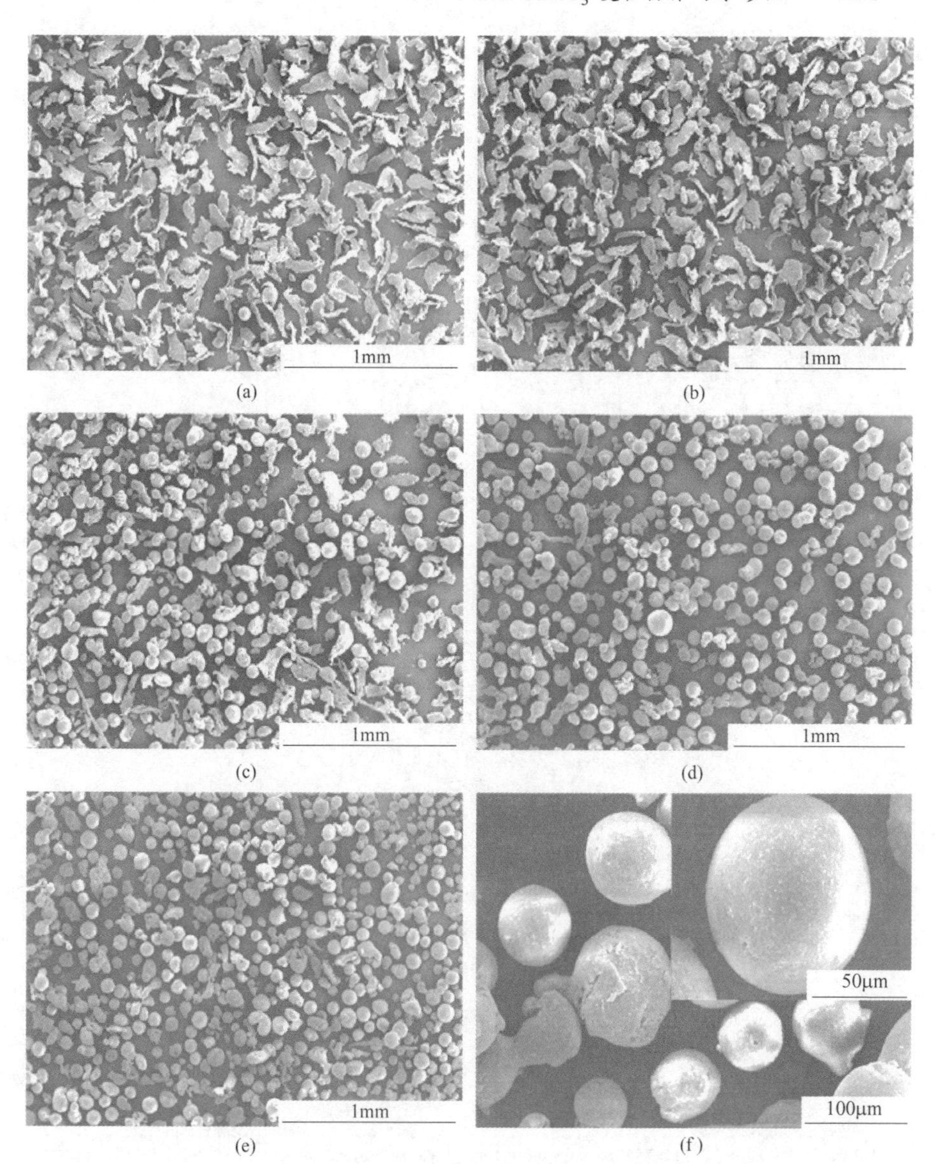

图 4-18 在不同时间制备的 $PA11/BaTiO_3$ 复合粉体的 SEM 图像

（此过程中使用的复合粉体的体积分数和温度分别为 20%和 210℃）

（a）1min；（b）1.5min；（c）2min，（d）2.5min；（e）3min；（f）在 3min 制备的复合粉体的放大图

4.3.6.2 复合粉体在不同处理时间下的球形度

图 4-19 为不同球形化时间下复合粉体的球形度。相比未球形化复合

粉体（图 4-19（a）），在球形化时间小于 1.5min 时，如图 4-19（b）和（c）所示，复合粉体颗粒的球形度分布在 0.65~1.0 范围内，基本无明显变化。当球形化时间延长至 2min 时（图 4-19（d）），复合粉体颗粒的球形度呈双峰分布，分别位于 0.75~0.95 和 0.95~1.0 范围内，说明复合粉体的球形度急剧上升，球形颗粒在粉体中所占的比例不断增加。随着时间的进一步延长（图 4-19（e）、（f）），低球形度的峰值缓慢向高球形度移动，移动幅度不大，但低球形度区域内的峰强明显下降，高球形度区域内的峰强明显增强。

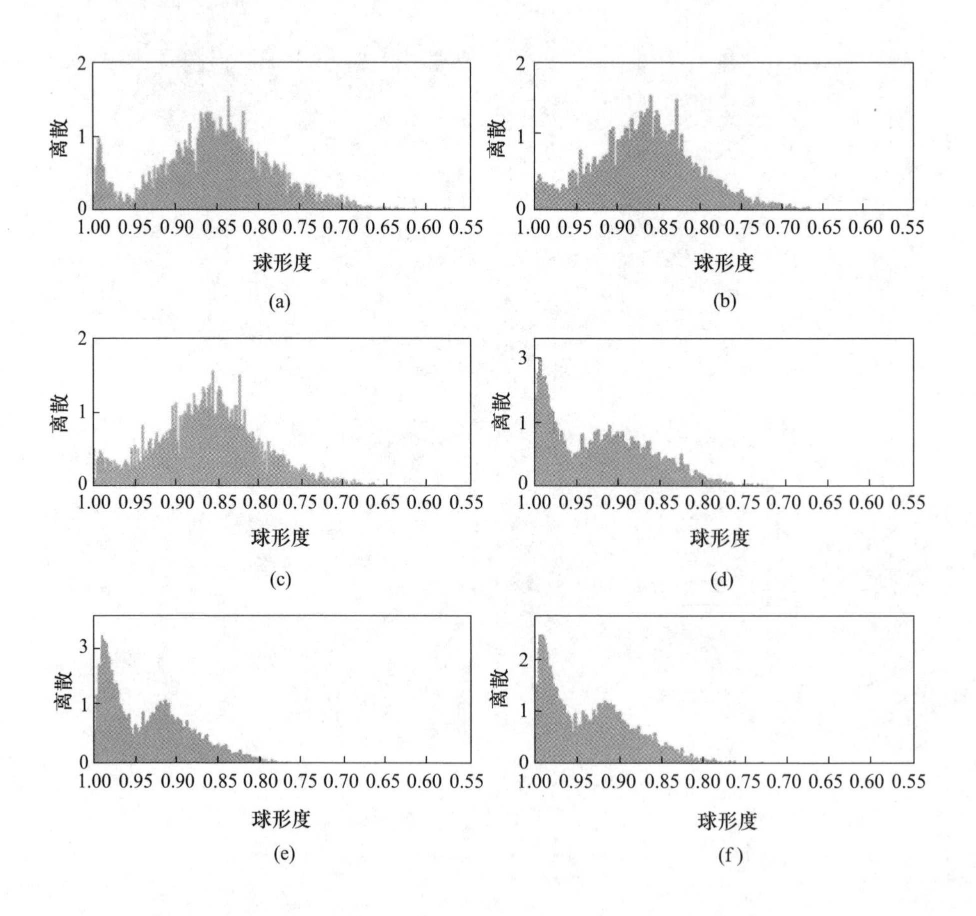

图 4-19　原始 $PA11/BaTiO_3$ 复合粉体的球形度和在不同时间制备的 $PA11/BaTiO_3$ 复合粉体的球形度

（此过程中使用的复合粉体的体积分数和温度分别为 20%和 210℃）

（a）原始的；（b）1min；（c）1.5min；（d）2min；（e）2.5min；（f）3min

4.3.6.3 复合粉体在不同处理时间下的圆角度-圆度

不同球形化时间下得到的复合粉体的圆角度和圆度分布如图 4-20 所示。从图 4-20（a）~（c）中可以看出，当球形化时间小于 1.5min 时，复合粉体颗粒的圆角度和圆度呈狭长的带状分布，圆角度处于 0.1~1.0 范围内，圆度处于0.3~1.0 范围内，说明粉体颗粒边缘尖锐，毛刺现象较严重。当球形化时间延长至 2min 时（图 4-20（d）），粉体颗粒的圆角度处于 0.15~1.0 范围内，圆度处于 0.35~1.0 范围内，值得注意的是粉体中高圆角度和圆度的粉体颗粒所占比例明显上升，说明粉体表面的棱角和毛刺明显钝化或者消失。而当球形化时间延长至 2.5min 以上时（图 4-20（e）、（f）），粉体颗粒的圆角度处于 0.3~1.0 范围内，圆度处于 0.45~1.0 范围内，处于该范围内的粉体颗粒基本趋于圆形。

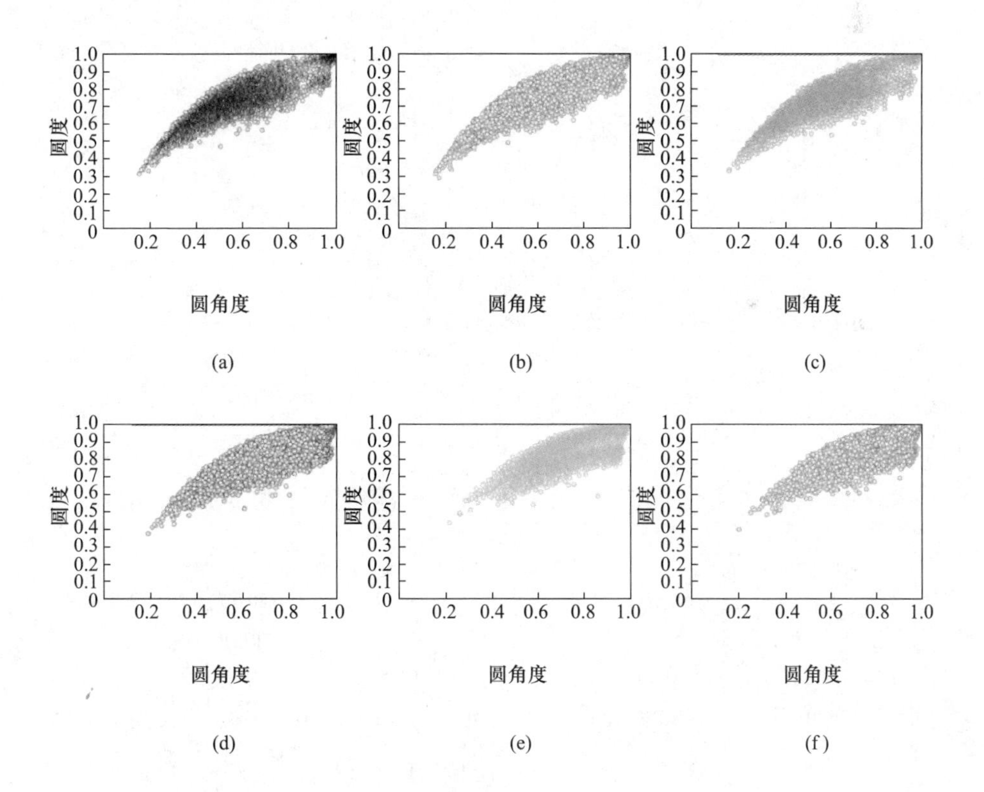

图 4-20 原始 PA11/$BaTiO_3$ 复合粉体圆度（a），以及在不同时间 1min（b），1.5min（c），2min（d），2.5min（e）和 3min（f）制备的圆度

（此过程中使用的 PA11/$BaTiO_3$ 复合粉体的体积分数和温度分别为 20%和 210℃）

4.3.7 球形化前后复合粉体的结构及形态

4.3.7.1 球形化前后复合粉体的FTIR分析

图4-21为球形化前后复合粉体的FTIR光谱图。脂肪族聚酰胺的红外吸收光谱主要由酰胺基的振动和亚甲基链的振动吸收构成。在$1641cm^{-1}$处有酰胺Ⅰ的吸收峰，在$1544cm^{-1}$处有酰胺的吸收峰，在$3309cm^{-1}$处有胺基的吸收峰。在$2924cm^{-1}$和$2852cm^{-1}$处有亚甲基的伸缩振动[47,48]。从图中可以看出，球形化前后复合粉体的红外光谱上无新峰出现，说明溶剂A和尼龙11之间未发生反应生成新物质。

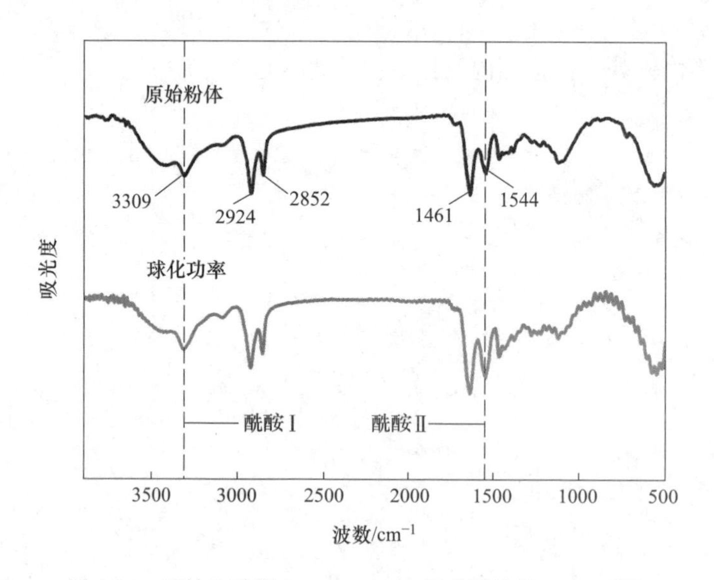

图4-21 原始和球形PA11/$BaTiO_3$复合粉体的FTIR光谱

4.3.7.2 球形化前后复合粉体的X射线光电子能谱（XPS）分析

XPS是利用X射线为光源，激发原子内壳层的电子，得到相应结合能的一种技术，可准确测量原子内层电子的束缚能及化学位移，获得分子结构及价态信息。原子内部壳层电子的结合能与其所处的化学环境相关，因此测量各元素的XPS窄扫描谱，可反映材料结构的微观不均匀性。为了进一步探讨球形化对复合粉体表面的影响，采用XPS研究其表面的元素状态。图4-22为球形化前后复合粉体的XPS全谱图，所得的图谱经

C1s 电荷矫正。由图中可以看出钡、氧、碳、氮等元素，由于钛酸钡中的 Ti 元素含量较低，故未被检测出来。粉体的 XPS 全谱图中元素的含量略有不同，并无显著变化。

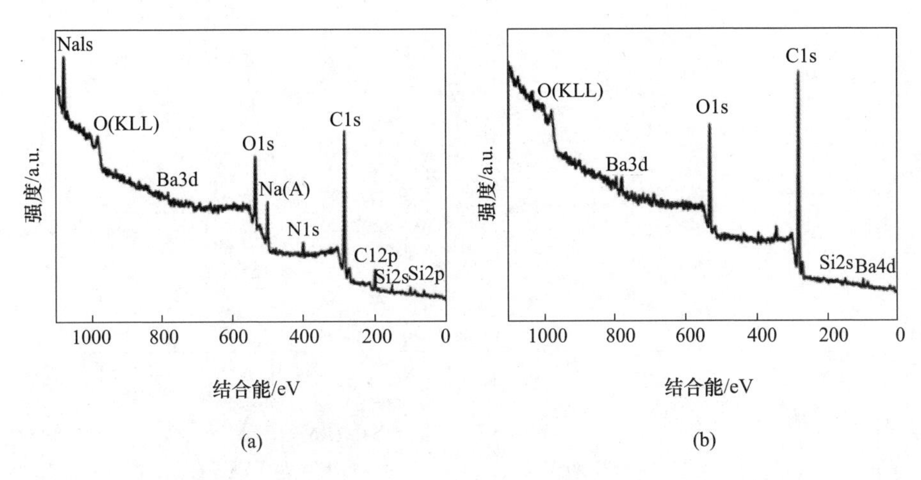

图 4-22 原始和球形化后 PA11/$BaTiO_3$ 复合粉体的 XPS 光谱测试

(a) 原始的；(b) 球形化后的

为了进一步分析各元素的变化，对 Ba、C、O 三种元素进行窄区谱分析，如图 4-23 所示。从图中可以看出，元素的结合能主要取决于该元素所处的化学环境。球形化前后 Ba3d 的窄区谱没有发生明显的变化，有研究表明，即使 Ba 系钙钛矿的表面结构发生很大变化，Ba3d 峰的结合能也基本不发生变化。Ba3d 的结合能表明 Ba 仍处于钙钛矿结构，在球形化前后其化学环境未发生改变[49]。此外，复合粉体中碳元素的结合能在球形

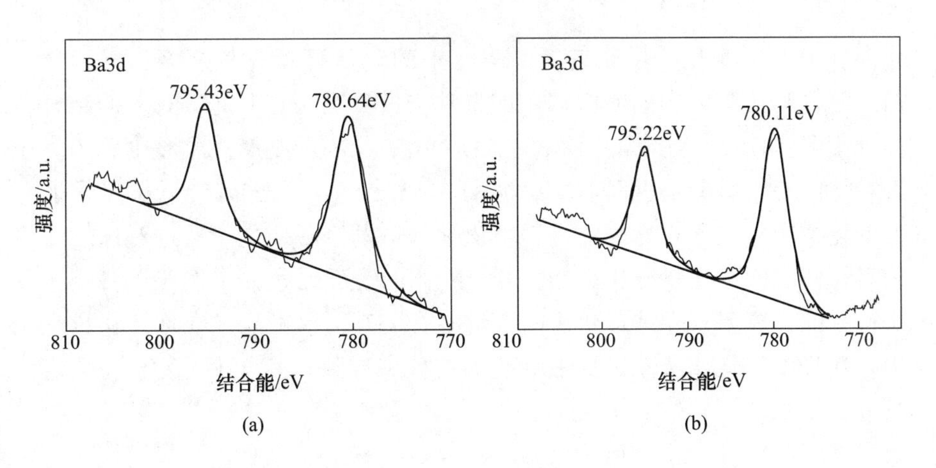

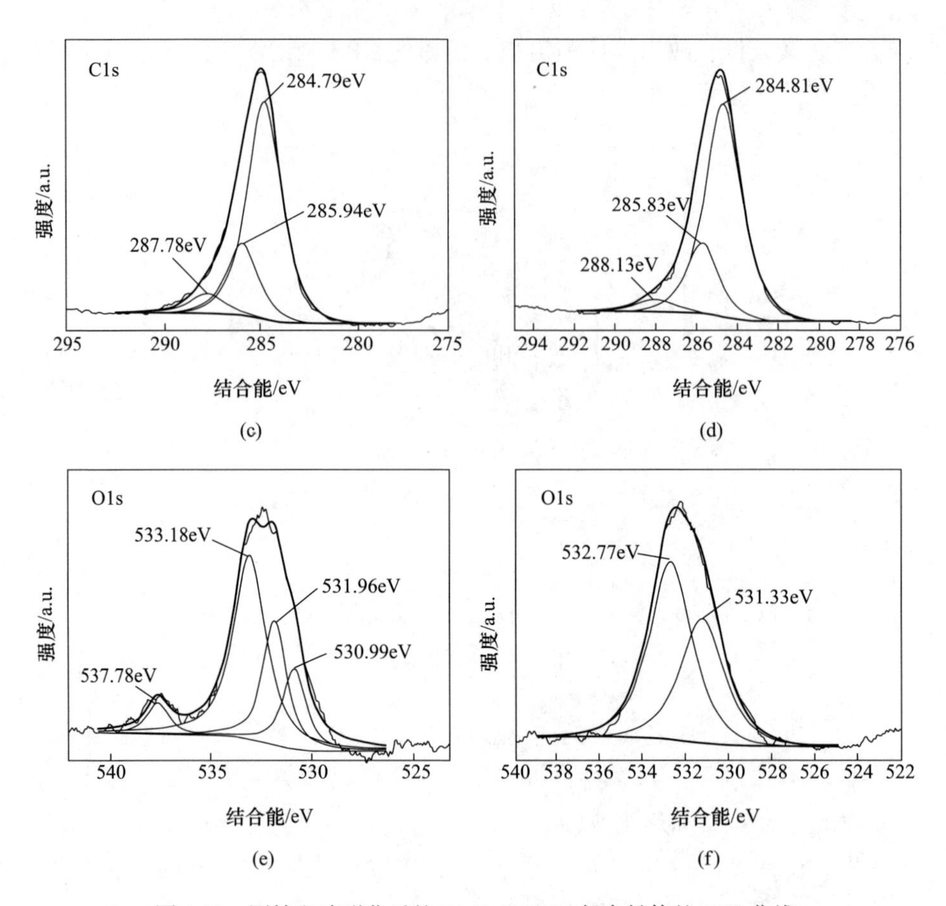

图 4-23 原始和球形化后的 PA11/$BaTiO_3$ 复合粉体的 XPS 曲线

(a)，(b) Ba3d；(c)，(d) C1s；(e)，(f) O1s

化前后未发生变化。颗粒表面的氧元素的化学环境比较复杂，球形化前，复合粉体颗粒中的 O1s 峰由四个独立谱峰交叠在一起，对应的结合能分别是 537.78eV、533.18eV、531.96eV、530.99eV；球形化后的复合粉体的 O1s 峰只有两种状态，分别为 532.77eV 和 531.33eV，结合能的变化说明氧元素在球形化过程中化学状态发生了变化。通过对球形化前后粉体表面的定量分析可知，复合粉体的表面元素并未按照严格配比进行分配，氧元素在球形化后的含量略有上升，这可能是在球形化过程中存在轻微氧化或洗涤过程中溶剂 A 的残留导致。表 4-4 为复合粉体定量分析结果。

表 4-4 复合粉体定量分析结果

峰	C1s	O1s	Ba3d
原始粉体	78.34	17.81	0.23
球化粉体	78.59	18.16	0.27

4.3.7.3 球形化前后复合粉体的 XRD 分析

采用 XRD 测试了球形化温度和时间对复合材料粉体晶体结构的影响，如图 4-24 所示。从图中可以看出，复合材料粉体的 XRD 曲线在球形化前后基本未发生变化，说明球形化过程并未改变复合材料的晶型，不会破坏 $BaTiO_3$ 的压电性能。

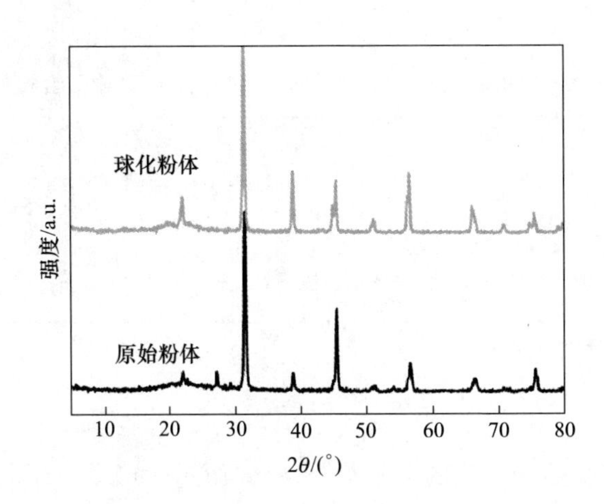

图 4-24 原始和球形化后 PA11/$BaTiO_3$ 复合粉体的 XRD 光谱

4.3.7.4 球形化前后复合粉体的熔融及结晶行为

从前文可知，SLS 加工对高分子粉体的热性能要求较高，球形化前后复合粉体的熔融和结晶曲线如图 4-25 所示。复合粉体的相关热参数见表 4-5。从表 4-5 中可以看出，球形化前后复合粉体的初始熔融温度基本不变，而球形化后复合粉体的初始结晶温度降低，进而导致球形化粉体的烧结窗口增大。相比未球形化粉体的烧结窗口 12.1℃，球形化的复合粉体的烧结窗口升高至 14.6℃，有利于 SLS 加工[50]。此外，球形化复合粉体的结晶度为31.1%，高于碾磨粉体。

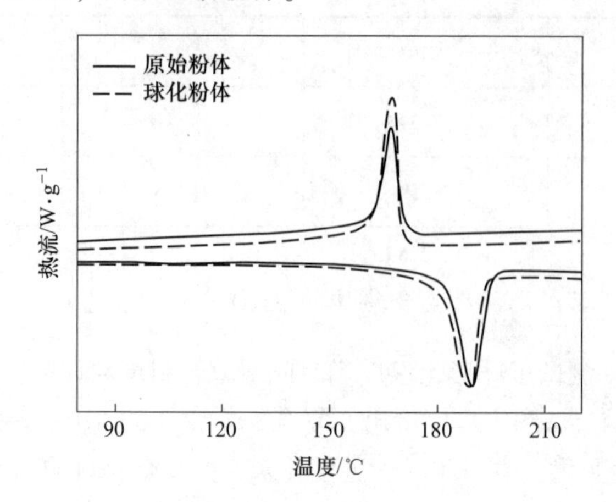

图 4-25　原始和球形化后复合 PA11/$BaTiO_3$ 粉体的 DSC 曲线

表 4-5　通过 DSC 测量获得的 PA11 和 PA11/$BaTiO_3$ 纳米复合粉体的热参数

参　　数	T_{im}/℃	T_{ic}/℃	ΔH_m/J · g^{-1}	X_c/%	SW/℃
原始粉体	182.5	170.4	30.5	22.5	12.1
球化粉体	182.9	168.3	42.2	31.1	14.6

4.3.7.5　球形化前后复合粉体的粒径

球形化前后复合粉体的粒径如图4-26所示。可见，碾磨复合粉体的平均粒径为80μm，球形化后复合粉体的平均粒径为77μm，球形化后复合粉体颗粒的粒径分布变窄，分布均匀，有利于SLS加工[51]。

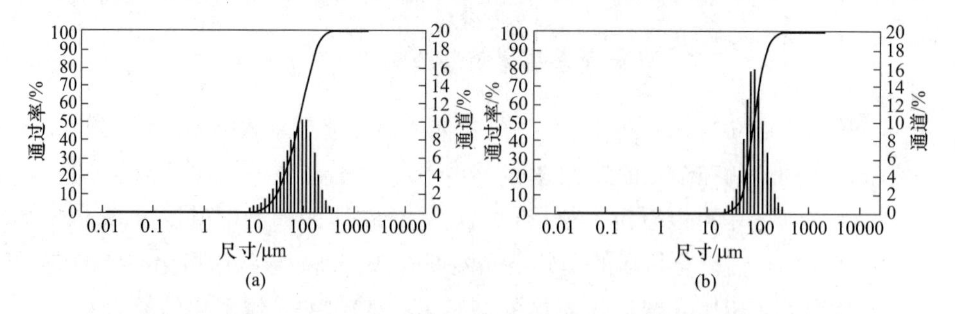

图 4-26　原始(a)和球形化后 PA11/$BaTiO_3$ 复合粉体(b)的尺寸和尺寸分布

4.3.7.6 球形化后复合粉体的内部结构

为了观察球形化粉体的内部结构，将球形化粉体均匀分散到环氧树脂中进行固化，然后液氮脆断可以得到断裂的球形粉体断面，如图 4-27（a）所示。结果表明，粉体的内部为实心结构，无孔洞出现，断裂截面的轮廓接近圆形。元素分布表明，各元素在粉体颗粒中分布均匀，如图 4-27（b）~（d）所示。

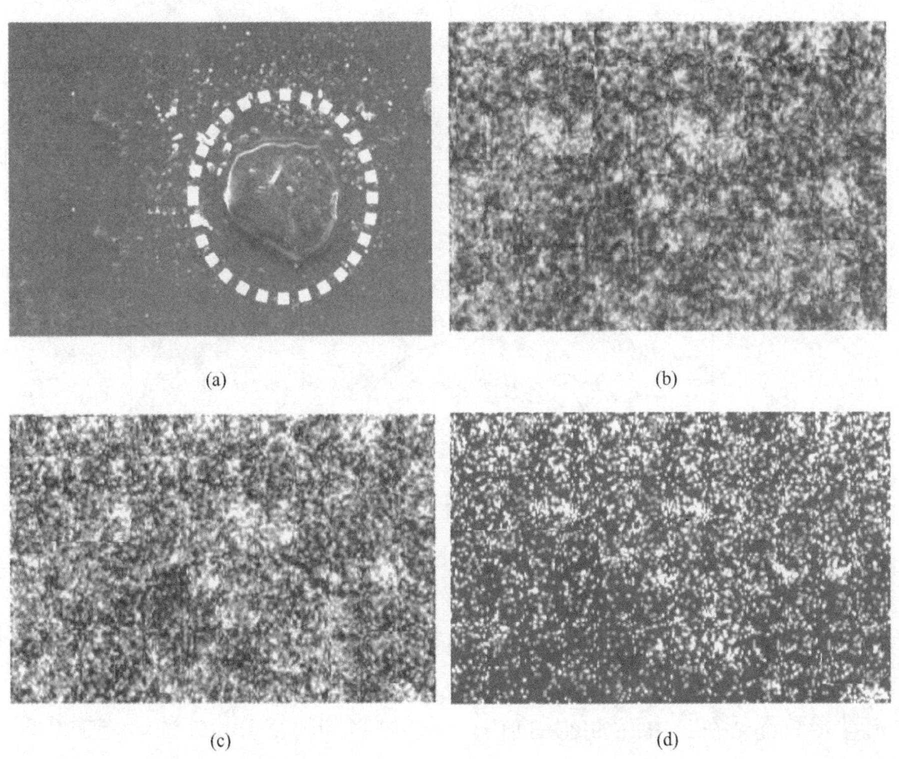

图 4-27 球形化 PA11/BaTiO$_3$ 复合粉体的横截面的 SEM 图像和复合材料中的元素分布

（a）SEM 图像；（b）Ti；（c）Ba；（d）O

4.3.8 球形化前后复合粉体的流动和堆积特性

4.3.8.1 球形化前后复合粉体的初始流动特性

从前文可知，粉体在 SLS 铺粉过程中任意处所受到的力可以分解为剪切应力和法向应力，只有当粉体受到的剪切应力大于粉体间的相互作用力才能够发生运动。因此，研究不同粉体在不同法向应力下复合粉体的屈服轨迹是很有必要的[52]。球形化前后复合粉体在15kPa预固结作用下的屈服轨迹如图4-28所示。通过莫尔圆分析，复合粉体在球形化后的凝聚力由2.18kPa降低到0.58kPa，无侧界屈服强度由9.63kPa降低到1.77kPa，从而使复合粉体的流动函数从3.61上升到12.6，说明球形化粉体的流动性明显提高，由黏性流动转变为自由流动，有利于SLS加工。

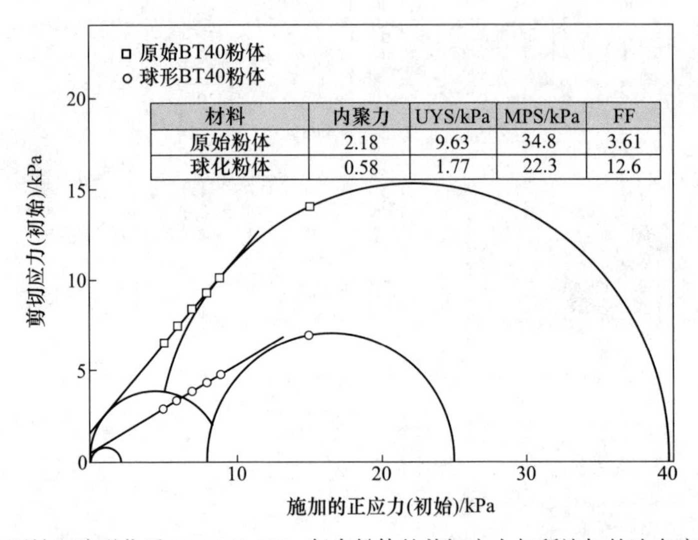

材料	内聚力	UYS/kPa	MPS/kPa	FF
原始粉体	2.18	9.63	34.8	3.61
球化粉体	0.58	1.77	22.3	12.6

图4-28　原始和球形化后PA11/$BaTiO_3$复合粉体的剪切应力与所施加的法向应力的关系

进一步研究了球形化前后复合粉体在不同预固结条件下的流动函数变化，如图4-29所示。可见，球形化后的复合粉体在整个预固结条件下的流动函数都处在自由流动的区间内。而碾磨得到的复合粉体预固结应力低于6kPa，其流动函数在4~10范围内，为容易流动的粉体；当预固结应力升高至9kPa时，碾磨粉体的流动函数降低至4附近，处于容易流动和黏性流动的临界区域；而当预固结应力进一步升高至15kPa时，碾磨粉体直接转变为黏性流动。因此碾磨得到的粉体在储存和运输过程中不能受到太大压力，因为过高压力会导致粉体变黏，影响其后续打印加工，说明该条件下得到的粉体不稳定。

图4-30为在不同预压缩应力下各粉体的内聚力。相比球形化后的复合粉体，碾磨得到的复合粉体的内聚力对主应力更加敏感，随着主应力的提高不断上升。这主要是因为：一方面形状较规则的粉体颗粒间的机械咬

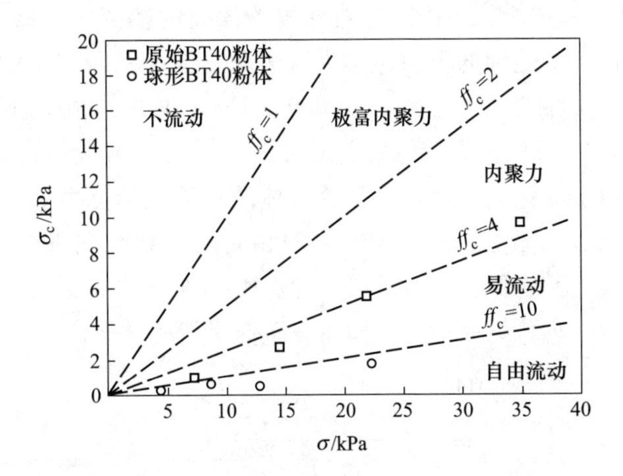

图 4-29 流动函数和根据流动性指标 ff 的分类

合或者摩擦作用较弱，另一方面形状规则的粉体内部孔隙率相对较小，在外加压力的条件下，粉体的形变量较小。

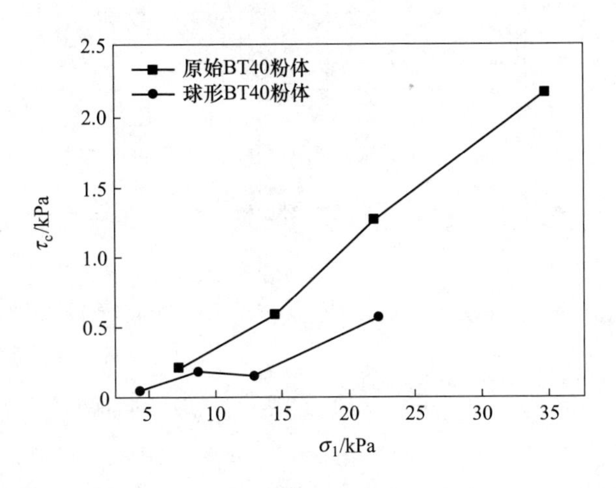

图 4-30 内聚力与主应力的关系

4.3.8.2 球形化前后复合粉体的稳定性和流动动力学的影响

图 4-31 为球形化前后复合粉体在同样转速下的 7 次重复测试得到的流动能以及流动能随转速变化的曲线。可见，碾磨得到的复合粉体的基本流动能 *BFE* 为 558mJ，球形化后上升至 1120mJ，这可以从图中两粉体的堆积密度 *CBD* 得到解释，球形化后复合粉体的堆积密度由 0.27g/mL 上升

到 0.55g/mL，粉体堆积密度变大意味着粉体间的孔隙率降低，刀片在向下运动的过程中所受到的阻力也增大，因此粉体流动所需要的能量增大。球形化后复合粉体的稳定指数 *SI* 由 0.93 上升至 1.03，流动速率指数 *FRI* 由 1.5 降低至 1.26，说明粉体受流动的影响较小，对流动速率的敏感性下降，粉体易于储存。球形化后复合粉体的特殊流动能由 8.38mJ 下降至 6.79mJ，特殊流动能主要依赖于粉体颗粒间的黏结性和机械互锁，数值降低说明球形化粉体颗粒间的黏结性和机械互锁作用降低，这一点可以通过前面的电镜证实。球形化后，粉体表面变得光滑且颗粒表面凸起部分明显降低。

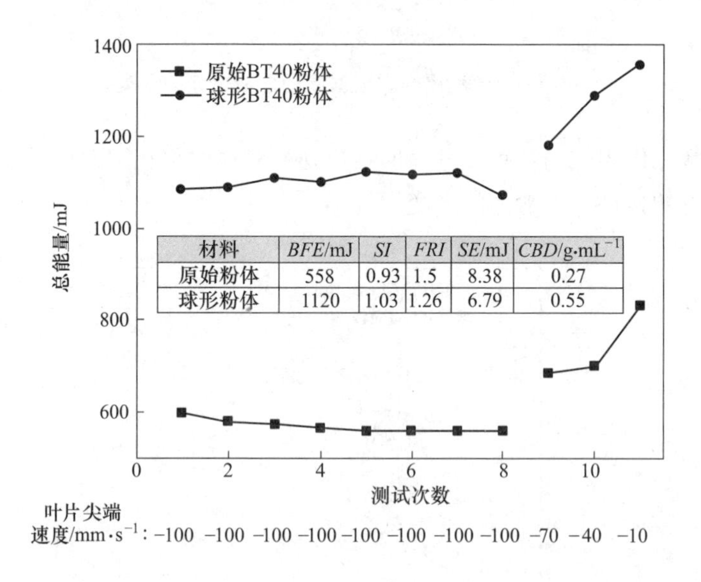

材料	*BFE*/mJ	*SI*	*FRI*	*SE*/mJ	*CBD*/g·mL^{-1}
原始粉体	558	0.93	1.5	8.38	0.27
球形粉体	1120	1.03	1.26	6.79	0.55

图 4-31　固定和可变刀片尖端速度下的流动能测试

4.3.8.3　球形化前后复合粉体的固结特性

图 4-32 为球形化前后复合粉体在不同法向应力下的压缩比。从图中可以看出，随着施加的法向应力增加，粉体的压缩比明显升高，而球形化后的复合粉体的压缩比明显小于为球形化的复合粉体，尤其是当法向应力为 15kPa 时，复合粉体的压缩比由 31.3%下降到 6%，说明球形化之后，粉体的堆积密度显著提高，内部孔隙率降低，因此在压缩过程中的体积变化较小。

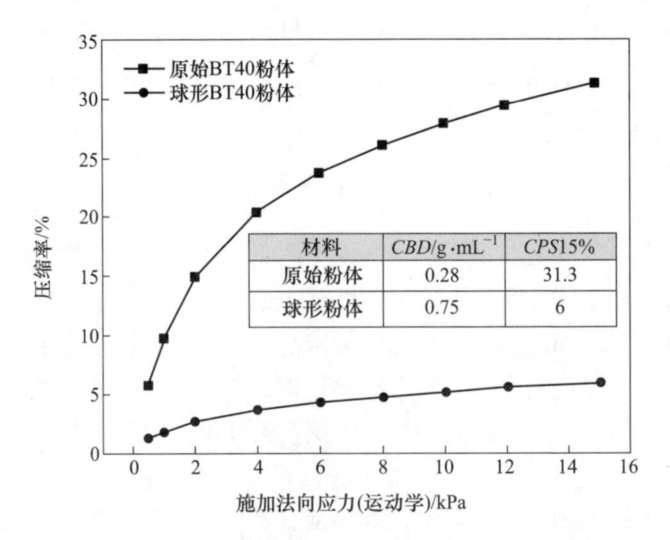

材料	*CBD*/g·mL^{-1}	*CPS*15%
原始粉体	0.28	31.3
球形粉体	0.75	6

图 4-32 在规定的正应力下堆积密度的可压缩比

4.3.8.4 球形化前后复合粉体的透气性

粉体的渗透性是影响其加工性能的一个重要因素。为了评价粉体的渗透性，采用在相同空气流速下，测试不同固结条件下粉体的气体压力，如图 4-33 所示。通常情况下，较高的压力会导致粉体更加密实，因此渗透性较低，压力降较高。从图中可以看出，球形化后复合粉体的压力降明显

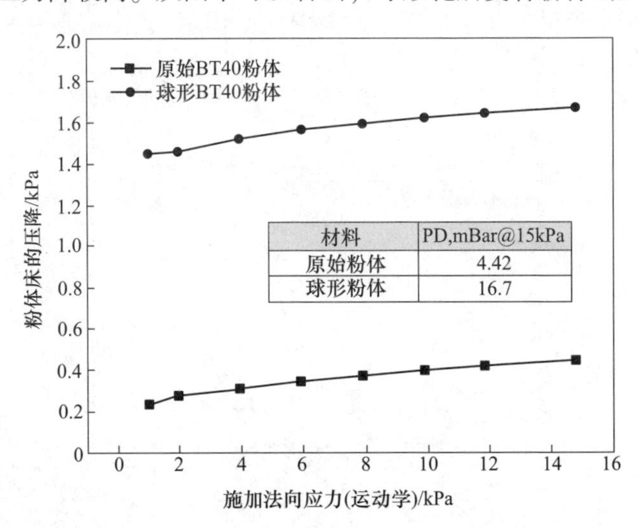

材料	PD,mBar@15kPa
原始粉体	4.42
球形粉体	16.7

图 4-33 在规定的法向应力下，以 2mm/s 的空气流速穿过粉体床的压力降

升高，这主要是球形化粉体具有较高的堆积密度，渗透性较低，这在选择性激光烧结中尤为重要，因为渗透性差，空气不易残留在粉体内部，从而会使得烧结件获得较好的性能。

4.3.8.5　球形化前后复合粉体的流化特性

充气测试主要是在不同空气流速下测试粉体的流化性能。粉体的流化性能主要取决于粉体颗粒间的黏结性能。根据空气的流速，粉床要么完全流化，要么只是简单充气。在充气测试前，粉体要经历三次条件处理来获得均匀且可重复的初始态。整个测试过程是不断降低空气流速来得到流动能，流动能随着空气流速的增加而降低，由此可以得到一系列参数：

（1）E_0：固定床条件下的流动能，空气流速 $U=0\mathrm{mm/s}$。

（2）E_r：完全充气条件下的残余流动能。

通常，对于黏性粉体都具有残余流动能 E_r。相反，对于容易流化粉体的流动能在完全充气条件下会急剧降低并具有很低的残余流动能。球形化前后复合粉体的流动能对空气流速的依赖性如图 4-34 所示。可见，相比未球形化粉体，球形化粉体的残余流动能基本接近于 0，说明球形化粉体具有很好的流化性能，粉体颗粒间的相互作用力较弱，表现为非黏性粉体。对于黏性粉体，在充气条件下，空气会从团聚体之间形成的通道通过，而非黏性粉体中的空气会流经每一个颗粒，粉体之间表现为完全分离，因此残余流动能基本接近 0。这对于激光烧结尤为重要，因为激光烧

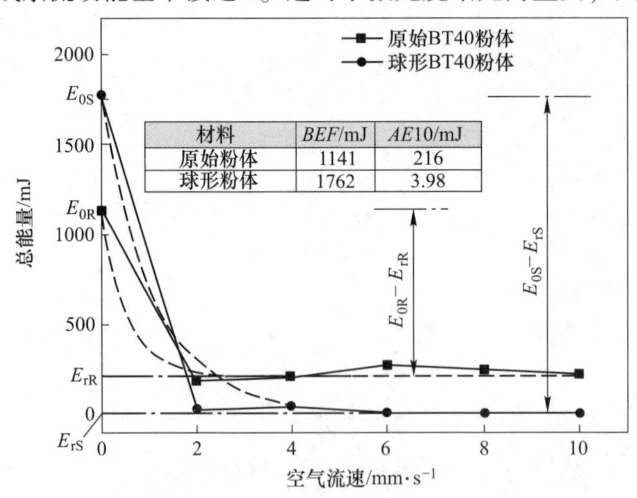

图 4-34　流动能与空气流速的关系

结在铺粉过程中，若颗粒表现为黏性，空气在其中不容易逃逸出来，在烧结过程中会形成缺陷。

4.3.8.6 球形化前后复合粉体的自由流动和堆积特性

进一步采用休止角、松装密度和 Carr 指数研究了粉体在自由堆积下的相关特性。图 4-35 为球形化前后复合粉体的休止角变化情况。球形化后复合粉体的休止角从 63°急剧降低至 30°（图 4-35（a）），休止角越小，流动性越好，说明球形化后的复合粉体流动性明显改善。从休止角测试的俯视图（图 4-35（b）和（c））可以看出，球形化后的复合粉体在自由堆积条件下形成的轮廓直径远大于未球形化的粉体。从休止角测试的侧视图可观测到直接碾磨得到的粉体外观较蓬松（图 4-35（d）），而球形化后的粉体外观相对均匀密实（图 4-35（e））。

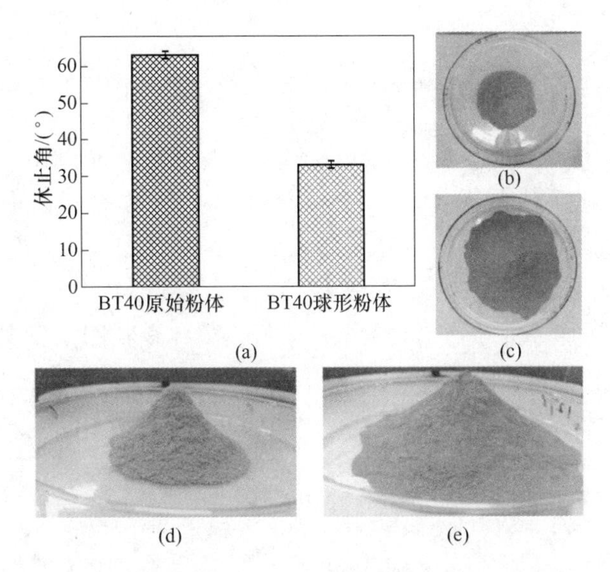

图 4-35 原始和球形化后的 PA11/$BaTiO_3$ 复合粉体的休止角（a）、测量期间原始（b）和球形化（c）PA11/$BaTiO_3$ 复合粉体的俯视图，测量期间原始（d）和球形化（e）PA11/$BaTiO_3$ 复合粉体的侧视图

球形化前后复合粉体的松装密度、振实密度以及 Carr 指数如图 4-36 所示。可见，球形化后复合粉体的松装密度从 0.23g/cm^3 上升至 0.72g/cm^3，振实密度从 0.36g/cm^3 上升至 0.85g/cm^3，Carr 指数从 0.15 上升至 0.34，说明球形化后的粉体堆积密度明显提高，有利于 SLS 加工成结构密

实、性能优异的复杂制件。

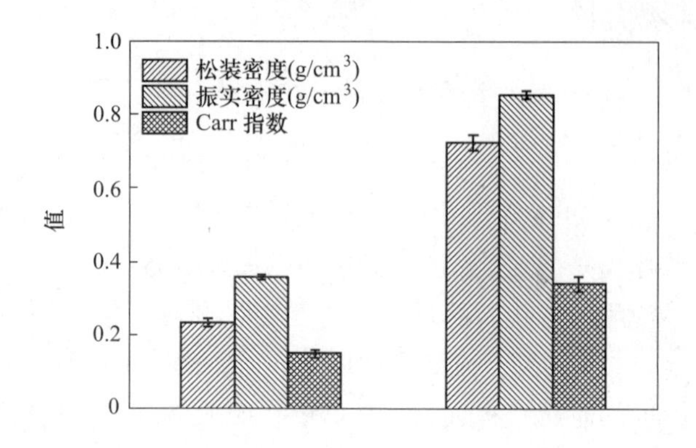

图 4-36　原始和球形化后的 PA11/$BaTiO_3$ 复合粉体的松装密度，振实密度和 Carr 指数

4.3.9　高填充量的 PA11/$BaTiO_3$ 复合粉体的球形化

为验证该方法在制备高含量填充条件下的可行性，我们选择了钛酸钡含量（质量分数）为 60% 和 80% 的 PA11/$BaTiO_3$ 复合粉体进行球形化，所得粉体的微观形貌如图 4-37（a）和（a′）中可以看出，虽然 PA11/60%$BaTiO_3$ 复合粉体相比 PA11/40%$BaTiO_3$ 复合粉体的黏度和密度会增加，但球形化效果依然较好，粉体颗粒间未发生粘连现象，颗粒表面较光滑，粒径大小均匀，球形度较高。进一步提高复合粉体中钛酸钡的含量至 80%，如图 4-37（b）和（b′）所示，粉体颗粒也基本全部球化，虽然颗粒表面看起来相对粗糙，但是基本收缩成球，未出现高长径

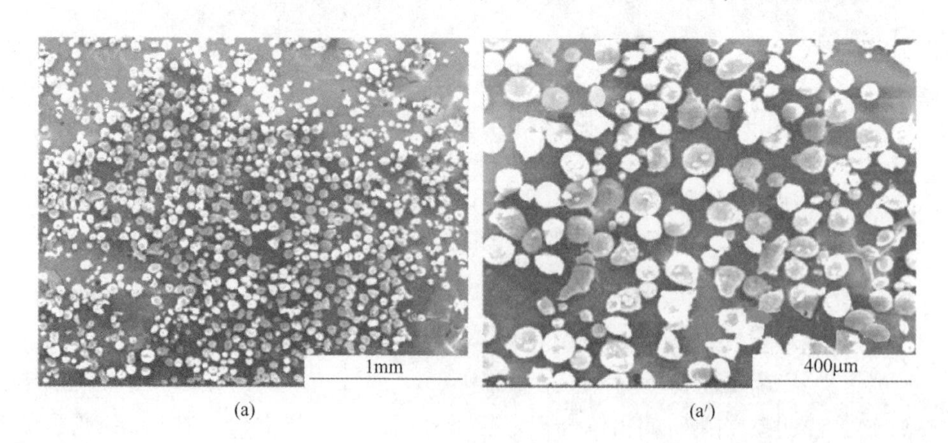

(a)　　(a′)

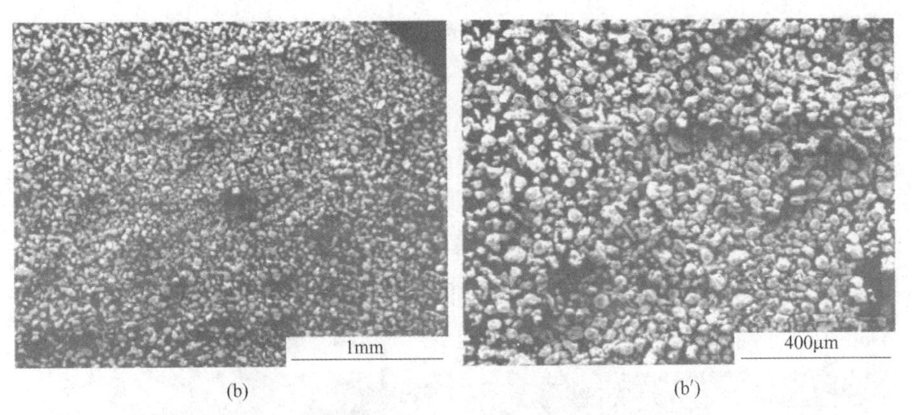

图 4-37 不同填充量的 PA11/$BaTiO_3$ 复合粉体的 SEM 图像
（此过程中使用的复合粉体的体积分数、时间和温度分别为 20%、3min 和 210℃）
(a) 60%；(b) 80%；(a′)，(b′) 更高的放大倍数

比或有棱角的颗粒。综上所述，虽然高填充量的复合粉体的黏度和密度会上升，但溶剂 A 包覆在粉体颗粒表面形成的位阻排斥效应防止颗粒间彼此黏结，只要控制好相关的球形化工艺，就能获得球形度较高的复合粉体。

4.4 PA11/$BaTiO_3$ 复合粉体的 SLS 加工及性能

4.4.1 PA11/$BaTiO_3$ 复合粉体的 SLS 加工

与传统加工如注塑或模压不同，SLS 加工是一种自由界面成型，材料对加工工艺参数要求较高，其中预热温度和激光能量密度是决定制件成型质量的两个关键因素。若预热温度过高，未被激光扫描的区域也将熔融，造成制件烧结盈余，或使整个预热区的粉体发生板结；若预热温度太低，粉体在受到激光加热熔融后的降温过程会形成较大的温度梯度场，导致烧结制件边缘或整体翘曲，翘曲的制件将被滚轴带走，烧结过程无法继续进行。类似地，在 SLS 加工过程中，若激光能量密度太低，激光能量补偿不足，粉体颗粒熔融程度低，颗粒间的黏结强度小，制件整体性能较差；而激光能量太高，烧结区域的多余热量将扩散至周围的未烧结区域引发粉体熔融，造成烧结盈余。因此，在 SLS 加工过程中需要合理调控预热温度和激光能量密度。目前对于新材料 SLS 加工工艺参数的调整仍是基于大量的烧结实验，我们为了节省原料并提高效率，采用单层烧结实验来优化PA11/$BaTiO_3$复合材料的SLS加工工艺参数，最终得到最优化工艺参数：预热温度为178℃，激光功率为7.5W，激光扫描速率7.6m/s，激光扫描间距100μm。PA11/$BaTiO_3$复合材料在上述优化工艺条件下的SLS加工过程和最终成型件如图4-38所示。可见，复合材料粉体形成的粉床表面平整光滑（图4-38（a）），烧结过程未出现翘曲现象（图4-38（b）），最终成型的形状复杂的制件的尺寸精度良好，无烧结盈余或翘曲现象（图4-38（c）），说明该工艺条件适用于PA11/$BaTiO_3$复合材料的SLS加工。

(a)

(b)

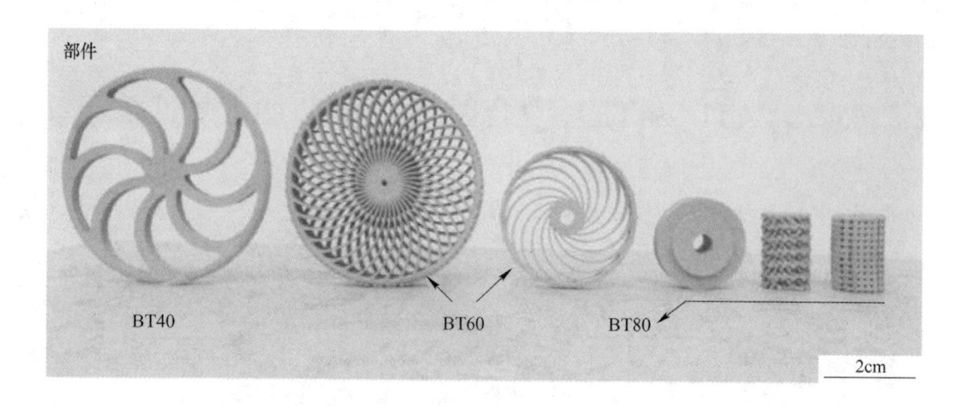

(c)

图4-38　PA11/$BaTiO_3$复合材料铺粉(a)，烧结(b)和SLS加工的具有不同形状的制件(c)的图片

4.4.2　PA11/$BaTiO_3$复合材料的介电性能

压电材料对介电性能有一定要求，PA11及PA11/$BaTiO_3$复合材料的介电常数随频率的变化关系如图4-39所示。低频区（40~10^4Hz），复合

材料的介电常数随频率的升高而降低，高填充量的复合材料的降低趋势尤为明显，主要归因于材料的界面极化[53]。随着频率进一步升高，材料的介电常数趋于稳定。复合材料的介电常数随 $BaTiO_3$ 含量的提高而增加，在 110Hz 条件 PA11/$BaTiO_3$ 复合材料的介电常数由 PA11 的 3.4 增加到 19.3，提高了近 6 倍。

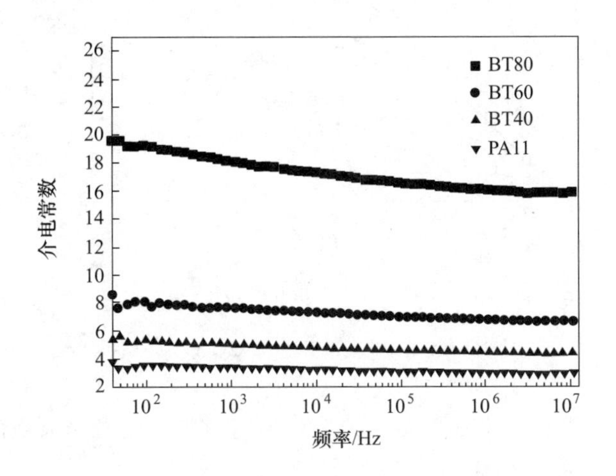

图 4-39 SLS 加工的 PA11 和 PA11/$BaTiO_3$
复合材料介电对频率的响应

4.4.3 PA11/$BaTiO_3$ 复合材料的压电性能

PA11 及 PA11/$BaTiO_3$ 复合材料的压电应变常数 d_{33} 和压电电压常数 g_{33} 如图 4-40 所示。可见，随 $BaTiO_3$ 含量的增加，复合材料的压电系数不断增加，当 $BaTiO_3$ 含量为 80%时，压电应变常数 d_{33} 达到 4.7pC/N，相比纯 PA11 增加了 47 倍。有研究表明，0-3 型压电复合材料的压电系数与填充量的关系受材料结构和连通方式的影响[54]。0-3 型压电复合材料的压电活性源于陶瓷颗粒偶极子在电场下的定向极化，聚合物基体主要起应力传导的作用。因此，当偶极子呈单分散形式存在于基体中时，压电活性与 $BaTiO_3$ 含量呈线性关系，而当偶极子相互连通时，则呈现指数增长。本书通过固相剪切碾磨处理的复合材料的压电系数与 $BaTiO_3$ 含量呈线性关系，说明高含量的 $BaTiO_3$ 在聚合物基体中主要以单分散形式存在，相互连通少，几乎无团聚体，间接证明固相剪切碾磨技术在实现纳米填料在聚合物基体中均匀分散的优势。

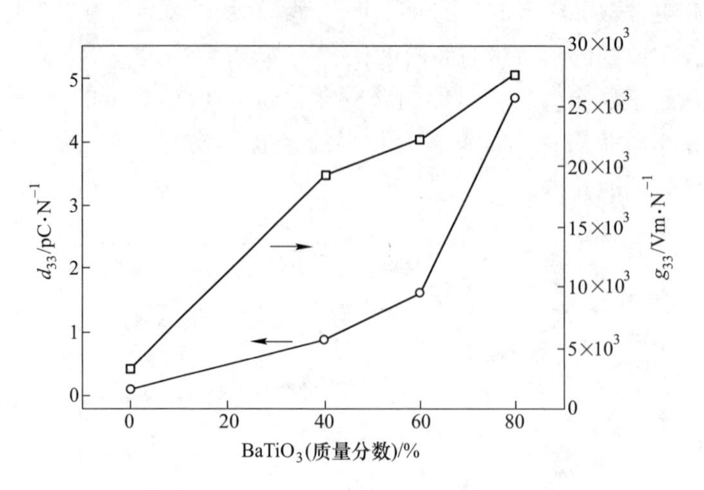

图 4-40 SLS 加工的 PA11 和 PA11/$BaTiO_3$ 复合材料的压电应变系数(d_{33})和压电电压常数(g_{33})

复合材料的压电电压常数主要表征压电材料在受到压力条件下的电压输出性能，可通过下面公式得到：

$$g_{33} = \frac{d_{33}}{\varepsilon\varepsilon_0} \tag{4-13}$$

式中 ε——材料的介电常数；

ε_0——材料的真空介电常数。

可见，随钛酸钡含量的增加，复合材料的压电电压常数迅速升高，当钛酸钡含量为80%时，复合材料的压电电压常数 27. 6×10^{-3} Vm/N，相比纯 PA11 增加了 8 倍。

4. 4. 4 PA11/$BaTiO_3$ 复合材料的力学性能

压电材料在实现电信号输出时，需要承受一定的力学载荷，因此需要研究 SLS 成型件的力学性能。PA11 及 PA11/$BaTiO_3$ 复合材料的拉伸和弯曲性能如图 4-41 所示。可见，复合材料的拉伸强度和弯曲强度随 $BaTiO_3$ 含量的上升先增加后降低，而拉伸模量和弯曲模量则不断上升。当复合材料中钛酸钡含量为40%时，其拉伸强度和拉伸模量相比纯 PA11，分别上升了 11. 5%和 34. 5%，弯曲强度和弯曲模量分别上升了 28. 5%和 57. 9%，这主要是因为固相剪切碾磨可实现 $BaTiO_3$ 颗粒在 PA11 中的良好分散且可有效改善其界面应力传递效率[55]。有研究表明，通过简单机械共混合 SLS 加工得到的 PA12/炭黑复合材料的内部存在大量团聚体且界面结合作用力差，导致其拉伸模量和弯曲模量远远低于纯 PA12 制件[56]。类似地，Goordridge 等[57]通过熔融挤出和深冷粉碎制备了用于 SLS 加工的 PA12/碳纤维复合材料粉体，发现碳纤维和聚合物基体间较差的界面作用力导致复合材料制件的储能模量和损耗模量低于纯 PA12 制件。以上结果表明，固相剪切碾磨技术能有效改善无机纳米粒子在聚合物基体中的分散性及两者间的界面作用力，在制备性能优异的复合材料方面具有突出的优势。

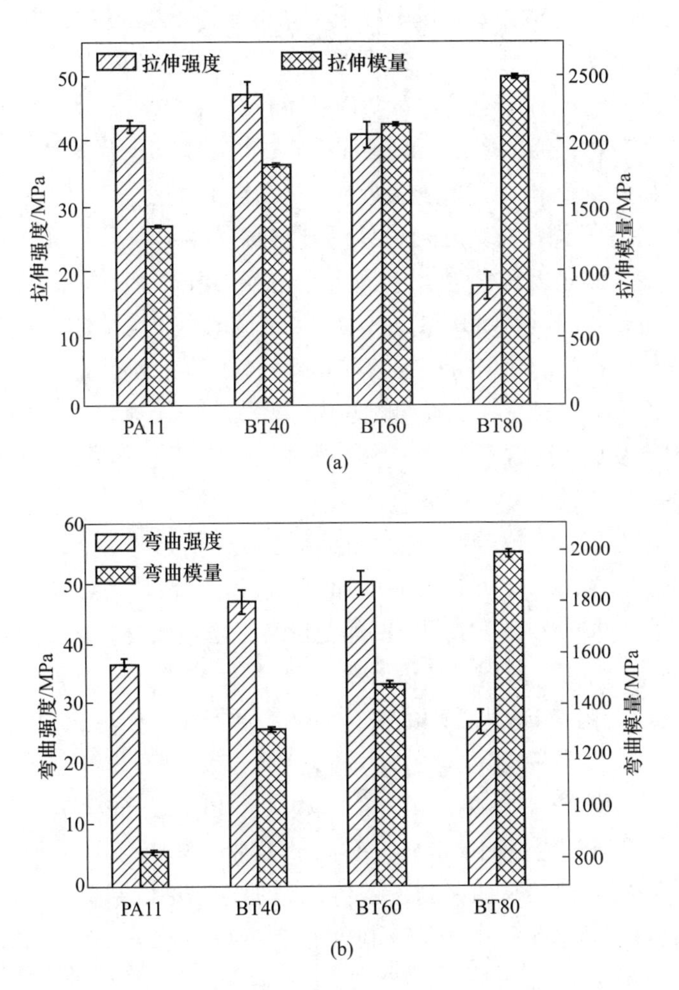

图 4-41 SLS 加工的 PA11 和 PA11/$BaTiO_3$ 制件的拉伸和弯曲性能

4.5 本章小结

本章通过固相剪切碾磨规模化制备了 $PA11/BaTiO_3$ 压电复合粉体，建立了复合粉体球形化新技术，首次实现了 $PA11/BaTiO_3$ 压电复合粉体的 SLS 加工，系统研究了碾磨作用对复合粉体内部结构、晶体结构及加工性能的影响；研究了球形化工艺条件，如固含量、温度、时间、溶剂分子量等对球形化效果的影响；对比分析了复合粉体在球形化前后结构形态、颗粒尺寸、流动特性以及堆积特性的变化；研究了 $BaTiO_3$ 含量对 $PA11/BaTiO_3$ 压电复合材料介电、压电以及力学性能的影响，主要结论如下：

（1）固相剪切碾磨技术实现了 $BaTiO_3$ 颗粒在 PA11 基体中的均匀分散并改善两者的界面相容性，且不破坏 $BaTiO_3$ 颗粒的晶体结构。相比未碾磨的复合粉体，经碾磨处理的复合粉体的烧结窗口明显变宽，熔体黏度下降，粒径分布较窄，赋予材料优异的 SLS 加工性能。

（2）建立了聚合物基复合粉体的球形化新技术。复合粉体的几何特征（球形度、圆角度和圆度）随固含量浓度的升高而下降，随球形化温度的提高而升高，当温度处在 205~215℃之间时，复合粉体颗粒基本发生了球化；复合粉体的几何特征参数随处理时间的延长而明显升高，主要是因为复合粉体颗粒只有在足够的时间内才能发生完全球化。复合粉体的较佳球化工艺参数：固含量 20%（体积分数），球形化温度 210℃，球形化时间 3min。

（3）复合粉体在球形化前后表面结构未发生明显变化，球形化处理后的复合粉体烧结窗口从 12.1℃增加至 14.6℃，颗粒平均粒径降低且粒径分布变窄，内部为实心结构，初始流动特性明显改善，在任意预固结条件下都处于自由流动区域，且粉体稳定性、固结特性、透气性和流化特性也明显提高。相比未球化处理的复合粉体，球形粉体的休止角从 63°急剧降低至 30°，松装密度从 $0.23g/cm^3$ 上升至 $0.72g/cm^3$，振实密度从 $0.36g/cm^3$ 上升至 $0.85g/cm^3$，Carr 指数从 0.15 上升至 0.34，球形化粉体的流动性和堆积密度明显改善，有利于实现 SLS 加工。

（4）首次通过 SLS 加工制备了传统加工方法难以制备的形状复杂的 $PA11/BaTiO_3$ 压电功能制件，该制件具有良好的尺寸精度。PA11/80% $BaTiO_3$（质量分数）压电功能制件的介电常数由 PA11 的 3.4 增加至 19.3；压电常数和压电电压常数比 PA11 分别提高 47 倍和 8 倍，且 SLS

加工制备的 PA11/ $BaTiO_3$ 压电功能制件具有优异的力学性能。

本章提出的球形化新技术不仅为规模化制备适用于 SLS 加工的聚合物基微/纳米功能球形复合粉体提供新理论和新方法，还能进一步拓宽 SLS 加工的应用范围，有效解决 SLS 加工制件只能作为结构件而无法作为功能件的难题。

参考文献

[1] Ramadan K S, Sameoto D, Evoy S. A review of piezoelectric polymers as functional materials for electromechanical transducers [J]. Smart Materials and Structures, 2014, 23 (3): 033001.

[2] Zhao Y, Liao Q, Zhang G, et al. High output piezoelectric nanocomposite generators composed of oriented $PaTiO_3$ NPs@ PVDF [J]. Nano Energy, 2015, 11: 719~727.

[3] Yan Y, Zhou J E, Maurya D, et al. Giant piezoelectric voltage coefficient in grain-oriented modified $PbTiO_3$ material [J]. Nature communications, 2016, 7 (1): 1~10.

[4] Fu R, Chen S, Lin Y, et al. Improved piezoelectric properties of electrospun poly (vinylidene fluoride) fibers blended with cellulose nanocrystals [J]. Materials Letters, 2017, 187: 86~88.

[5] 温建强，章力旺．压电材料的研究新进展 [J]. 应用声学，2013，32 (5)：413~418.

[6] Akdogan E K, Allahverdi M, Safari A. Piezoelectric composites for sensor and actuator applications [J]. IEEE transactions on ultrasonics, ferroelectrics, and frequency control, 2005, 52 (5): 746~775.

[7] Newnham R E, Skinner D P, Cross L E. Connectivity and piezoelectric-pyroelectric composites [J]. Materials Research Bulletin, 1978, 13 (5): 525~536.

[8] 胡南，刘雪宁，陈飞，等．0-3 型陶瓷/聚合物压电复合材料的压电性能研究 [C]//中国声学学会功率超声分会 2005 年学术会议本书集，2005：99~104.

[9] Yao J, Xiong C, Dong L, et al. Enhancement of dielectric constant and piezoelectric coefficient of ceramic-polymer composites by interface chelation [J]. Journal of Materials Chemistry, 2009, 19 (18): 2817~2821.

[10] Babu I, de With G. Highly flexible piezoelectric 0-3 PZT-PDMS composites with high filler content [J]. Composites Science and Technology, 2014, 91: 91~97.

[11] Kim K, Zhu W, Qu X, et al. 3D optical printing of piezoelectric nanoparticle-polymer composite materials [J]. ACS Nano, 2014, 8 (10): 9799~9806.

[12] Shahzad K, Deckers J, Boury S, et al. Preparation and indirect selective laser sintering of alumina/PA microspheres [J]. Ceramics International, 2012, 38 (2):

1241~1247.

[13] Wang G, Wang P, Zhen Z, et al. Preparation of PA12 microspheres with tunable morphology and size for use in SLS processing [J]. Materials & Design, 2015, 87: 656~662.

[14] Freitas S, Merkle H P, Gander B. Microencapsulation by solvent extraction/evaporation: reviewing the state of the art of microsphere preparation process technology [J]. Journal of Controlled Release, 2005, 102 (2): 313~332.

[15] Schmidt J, Sachs M, Blümel C, et al. A novel process route for the production of spherical LBM polymer powders with small size and good flowability [J]. Powder Technology, 2014, 261: 78~86.

[16] Schmidt J, Sachs M, Blümel C, et al. A novel process chain for the production of spherical SLS polymer powders with good flowability [J]. Procedia Engineering, 2015, 102: 550~556.

[17] 谭陆西，张代军，黎静．一种PEEK超细粉体的球化方法 [P]. 2016.

[18] Lee H W, Moon S, Choi C H, et al. Synthesis and size control of tetragonal barium titanate nanopowders by facile solvothermal method [J]. Journal of the American Ceramic Society, 2012, 95 (8): 2429~2434.

[19] Park K I, Lee M, Liu Y, et al. Flexible nanocomposite generator made of $BaTiO_3$ nanoparticles and graphitic carbons [J]. Advanced Materials, 2012, 24 (22): 2999~3004.

[20] Kim K, Zhu W, Qu X, et al. 3D optical printing of piezoelectric nanoparticle-polymer composite materials [J]. ACS Nano, 2014, 8 (10): 9799~9806.

[21] Liu T, Lim K P, Tjiu W C, et al. Preparation and characterization of nylon 11/organoclay nanocomposites [J]. Polymer, 2003, 44 (12): 3529~3535.

[22] Datta A, Choi Y S, Chalmers E, et al. Piezoelectric nylon-11 nanowire arrays grown by template wetting for vibrational energy harvesting applications [J]. Advanced Functional Materials, 2017, 27 (2): 1604262.

[23] Scheinbeim J I. Piezoelectricity in γ-form Nylon 11 [J]. Journal of Applied Physics, 1981, 52 (10): 5939~5942.

[24] 蒲永平，吴建鹏，陈寿田．钛酸钡粉体四方相的XRD定量分析 [J]. 压电与声光，2004.

[25] Capsal J F, Dantras E, Laffont L, et al. Nanotexture influence of $BaTiO_3$ particles on piezoelectric behaviour of PA11/$BaTiO_3$ nanocomposites [J]. Journal of Non-crystalline Solids, 2010, 356 (11-17): 629~634.

[26] Alluri N R, Selvarajan S, Chandrasekhar A, et al. Piezoelectric $BaTiO_3$/alginate spherical composite beads for energy harvesting and self-powered wearable flexion sensor [J].

Composites Science and Technology, 2017, 142: 65~78.

[27] Yan C, Hao L, Xu L, et al. Preparation, characterisation and processing of carbon fibre/polyamide-12 composites for selective laser sintering [J]. Composites Science and Technology, 2011, 71 (16): 1834~1841.

[28] He P, Bai S, Wang Q. Structure and performance of Poly (vinyl alcohol)/wood powder composite prepared by thermal processing and solid state shear milling technology [J]. Composites Part B: Engineering, 2016, 99: 373~380.

[29] RistićM M, Milosević S D. Frenkel's theory of sintering [J]. Science of Sintering, 2006, 38 (1): 7~11.

[30] Veenstra H, Van Dam J, de Boer A P. On the coarsening of co-continuous morphologies in polymer blends: effect of interfacial tension, viscosity and physical cross-links [J]. Polymer, 2000, 41 (8): 3037~3045.

[31] Utracki L A. Polymer blends handbook [M]. Dordrecht: Kluwer academic publishers, 2002.

[32] Sundararaj U, Macosko C W, Rolando R J, et al. Morphology development in polymer blends [J]. Polymer Engineering & Science, 1992, 32 (24): 1814~1823.

[33] Tucker III C L, Moldenaers P. Microstructural evolution in polymer blends [J]. Annual Review of Fluid Mechanics, 2002, 34 (1): 177~210.

[34] Lee J K, Han C D. Evolution of polymer blend morphology during compounding in a twin-screwextruder [J]. Polymer, 2000, 41 (5): 1799~1815.

[35] Taylor G I. The viscosity of a fluid containing small drops of another fluid [J]. Proceedings of the Royal Society of London. Series A, Containing Papers of a Mathematical and Physical Character, 1932, 138 (834): 41~48.

[36] Wu S. Formation of dispersed phase in incompatible polymer blends: Interfacial and rheological effects [J]. Polymer Engineering & Science, 1987, 27: 335~343.

[37] Wu S. Formation of dispersed phase in incompatible polymer blends: Interfacial and rheological effects [J]. Polymer Engineering & Science, 1987, 27 (5): 335~343.

[38] Serpe G, Jarrin J, Dawans F. Morphology-processing relationships in polyethylene-polyamide blends [J]. Polymer Engineering & Science, 1990, 30 (9): 553~565.

[39] Kwok D Y, Cheung L K, Park C B, et al. Study on the surface tensions of polymer melts using axisymmetric drop shape analysis [J]. Polymer Engineering & Science, 1998, 38 (5): 757~764.

[40] 吴爱民，吉法祥．确定固体聚合物表面张力方法的研究 [J]. 中国塑料，1999.

[41] Gaines Jr G L. Surface and interfacial tension of polymer liquids-a review [J]. Polymer Engineering & Science, 1972, 12 (1): 1~11.

[42] Guggenheim E A. The principle of corresponding states [J]. The Journal of Chemical

Physics, 1945, 13 (7): 253~261.

[43] [美] S. 吴. 高聚物的界面与粘合 [M]. 潘强余, 吴敦汉, 译. 北京: 纺织工业出版社, 1987.

[44] Rashmi B J, Loux C, Prashantha K. Bio-based thermoplastic polyurethane and polyamide 11 bioalloys with excellent shape memory behavior [J]. Journal of Applied Polymer Science, 2017, 134 (20).

[45] Son Y. Measurement of interfacial tension between polyamide-6 and poly (styrene-co-acrylonitrile) by breaking thread method [J]. Polymer, 2001, 42 (3): 1287~1291.

[46] Ritacco H, Kurlat D, Langevin D. Properties of aqueous solutions of polyelectrolytes and surfactants of opposite charge: surface tension, surface rheology, and electrical birefringence studies [J]. The Journal of Physical Chemistry B, 2003, 107 (34): 9146~9158.

[47] 朱吴兰. 红外光谱法鉴别不同种类的聚酰胺 [J]. 塑料, 2009, 38 (3): 114~117.

[48] Kolhe P, Kannan R M. Improvement in ductility of chitosan through blending and copolymerization with PEG: FTIR investigation of molecular interactions [J]. Biomacro Molecules, 2003, 4 (1): 173~180.

[49] Wegmann M, Watson L, Hendry A. XPS analysis of submicrometer barium titanate powder [J]. Journal of the American Ceramic Society, 2004, 87 (3): 371~377.

[50] Drummer D, Rietzel D, Kühnlein F. Development of a characterization approach for the sintering behavior of new thermoplastics for selective laser sintering [J]. Physics Procedia, 2010, 5: 533~542.

[51] Goodridge R D, Tuck C J, Hague R J M. Laser sintering of polyamides and other polymers [J]. Progress in Materials Science, 2012, 57 (2): 229~267.

[52] Ludwig B, Miller T F. Rheological and surface chemical characterization of alkoxysilane treated, fine aluminum powders showing enhanced flowability and fluidization behavior for delivery applications [J]. Powder Technology, 2015, 283: 380~388.

[53] Thakur V K, Gupta R K. Recent progress on ferroelectric polymer-based nanocomposites for high energy density capacitors: synthesis, dielectric properties, and future aspects [J]. Chemical Reviews, 2016, 116 (7): 4260~4317.

[54] Wong C K, Shin F G. Electrical conductivity enhanced dielectric and piezoelectric properties of ferroelectric 0-3 composites [J]. Journal of Applied Physics, 2005, 97 (6): 064111.

[55] El Achaby M, Arrakhiz F Z, Vaudreuil S, et al. Piezoelectric β-polymorph formation and properties enhancement in graphene oxide-PVDF nanocomposite films [J]. Applied Surface Science, 2012, 258 (19): 7668~7677.

[56] Athreya S R, Kalaitzidou K, Das S. Processing and characterization of a carbon black-filled electrica lly conductive Nylon-12 nanocomposite produced by selective laser sintering [J]. Materials Science and Engineering: A, 2010, 527 (10 ~ 11): 2637~2642.

[57] Goodridge R D, Shofner M L, Hague R J M, et al. Processing of a Polyamide-12/carbon nanofibre composite by laser sintering [J]. Polymer Testing, 2011, 30 (1): 94~100.

5 选择性激光烧结制备 $PA11/BaTiO_3$ 压电器件

5.1 引　言

SLS 在成型过程中，相邻的粉体颗粒经历熔融、合并、收缩三个过程，不可避免地在制件内部产生孔隙，这些孔隙会在一定程度上影响制件的最终性能。过去大量的研究人员通过控制加工参数或后处理技术来提高烧结件的密实度，以期改善其力学性能和其他性能[1~3]。有研究表明，压电材料内部的孔隙率可提高材料的压敏性和柔性，降低其声阻抗[4~6]。因此，通过 SLS 加工得到的多孔制件对其他应用领域是一种缺陷，但对压电器件来说可能是一种天然的优势，可能会在一定程度上提高该制件的能量转换效率。

本章通过调控 SLS 加工的工艺参数和优化压电器件的宏观结构设计来提高 $PA11/BaTiO_3$ 压电复合材料的力电转换效率，为制备结构合理、形状复杂且性能优异的压电器件提供新思路和新方法。考察了加工参数对开路电压和短路电流的影响，研究了制件微观和宏观孔隙率对电学信号输出的影响机理，探讨了 SLS 加工所得到的制件在能量转换领域的应用潜力。

5.2 SLS 加工制备 $PA11/BaTiO_3$ 压电器件

5.2.1 $PA11/BaTiO_3$ 压电器件的制备

本书在上一章基础上，主要以 $PA11/60\%BaTiO_3$（质量分数）压电复合材料为研究对象，考察 SLS 加工对制件力电转换效率的影响。图 5-1 为通过 SLS 加工制备的压电器件。从图 5-1（a）中可以看出，复合粉体在烧结过程中未出现翘曲现象，整个烧结纹路非常清晰。图 5-1（b）和（c）分别为 SLS 加工的具有复杂结构的压电器件和测试圆片，可见器

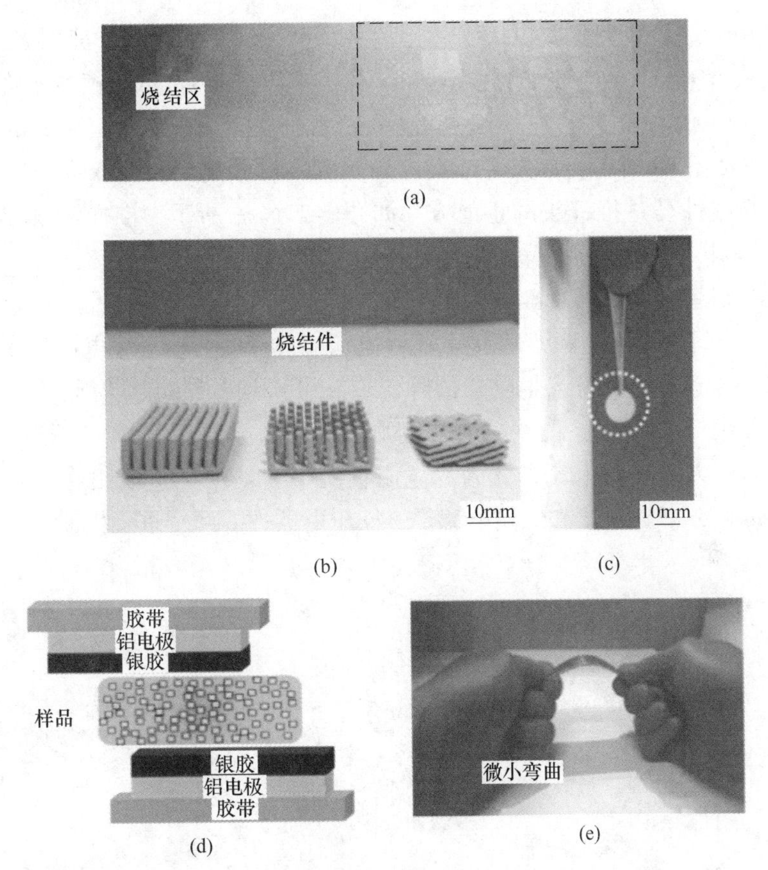

图 5-1 PA11/60%$BaTiO_3$ 复合材料的 SLS 加工过程中粉体床的外观（a），具有复杂形状的 SLS 加工压电器件的光学图像（b），SLS 加工圆片的光学图像（c），制备 PA11/60% $BaTiO_3$ 压电器件的示意图（d）和机械弯曲下 SLS 加工制件的光学图像（e）

件的尺寸精度较好。为测试压电器件的输出性能，首先采用导电银胶均匀涂覆在测试的上下表面，待银胶烘干后，用双面导电的铝箔作为导线接在测试的上下表面，最后用聚酰亚胺（Kapton）胶带将铝箔固定，防止其脱落引发接触不良，具体结构如图 5-1（d）所示。厚度为 1mm 的 PA11/60%$BaTiO_3$ 压电复合材料薄片可弯曲，说明 SLS 打印制件具有良好的柔性。

5.2.2 压电器件的电学信号输出及采集原理

压电器件由机械力使压电器件产生电信号采集装置的示意图如图 5-2

（a）所示。该装置主要包括线性马达（型号 HS01-37×166，美国 NTI AG 公司）、静电计（型号 6541，Keithley 仪器有限公司）、低噪声前置放大器（型号 MODEL SR570，SRS 公司）、高精密升降台组成，整套装置的照片如图 5-2（b）所示。首先将连接好导电铝箔的压电器件用聚酰亚胺胶带固定在线性马达推杆头的正前方，如图 5-2（c）所示。推杆头顶端采用硬质塑料，防止与样品间产生摩擦或静电影响测试精度。测试过程中，通过计算机控制线性马达推杆按照一定的频率和加速度撞击样品，压电器件在外力作用下发生形变，产生电荷，电荷通过导线传输至静电计装置，经低噪声前置放大器可产生电学信号，最终可得到开路电压-时间关系曲线和短路电流-时间关系曲线。通常，开路电压指电池在无电流通过时正负极的电势差；短路电流是无外界电阻情况下，电池正负极相连产生的电流。因此，开路电压和短路电流是表征压电器件的两个重要特征。

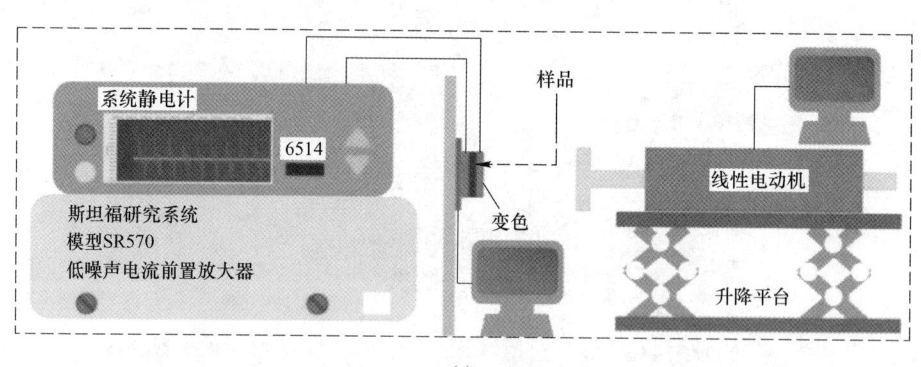

(a)

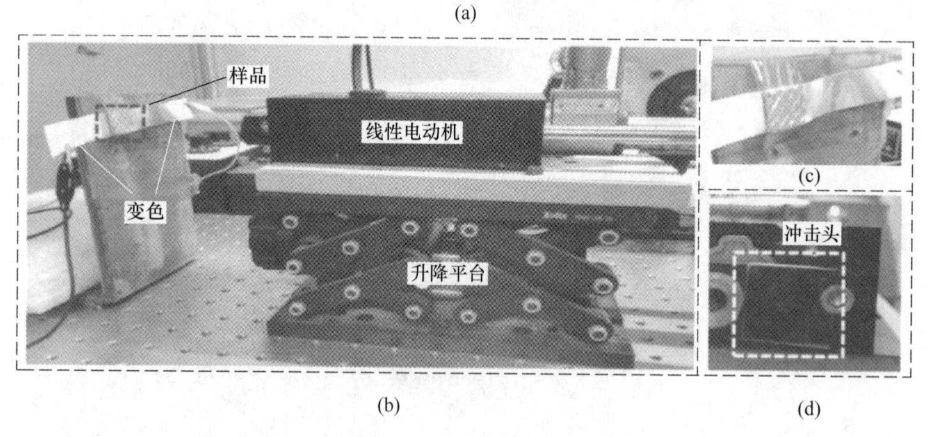

(b) (c) (d)

图 5-2 冲击测量系统的示意图，用于同时收集压电器件在动态负载过程中产生的开路电压和短路电流(a)、冲击测量系统的光学图像(b)，用 Kapton 胶带固定压电器件(c)和冲击头的光学图像(d)

5.3 调控激光能量密度优化 PA11/$BaTiO_3$ 压电器件的输出性能

5.3.1 不同激光能量密度下压电器件的微观结构

SLS 加工过程中，首先将粉体预热到一定温度，对于结晶高分子，预热温度通常低于其初始熔融温度[7]，然后利用激光束在计算机控制下按照设定路径对粉体进行温度补偿，粉体在激光束的加热作用下熔融合并，激光束的能量密度越高，粉体的熔融程度越高。即使如此，激光能量密度需要控制在合适的范围内，过高的激光能量密度一方面会使高分子发生降解，另一方面会造成能量损失，再者会使烧结件的尺寸精度降低，发生烧结盈余现象；而过低的激光能量密度会使高分子粉体颗粒熔融不完全，层间黏结力较弱。因此，合理调节选择性激光烧结的激光能量密度，可有效调控制件的微观结构，如图 5-3 所示。为方便讨论，通过激光能量密度为 13.15mJ/mm^2、8.77mJ/mm^2、6.58mJ/mm^2、5.26mJ/mm^2、4.39mJ/mm^2 和 3.29mJ/mm^2 加工得到的压电器件依次命名为 PEH1、PEH2、PEH3、PEH4、PEH5 和 PEH6。结果表明，制件的内部孔隙率随着能量密度的降低而升高。在较高能量密度 13.15mJ/mm^2 下（图 5-3（a）），烧结件内部基本未出现明显的烧结层界面，断面较密实；当激光能量密度降低至 8.77mJ/mm^2（图 5-3（b））时，烧结件内部的烧结层较明显，层厚约为 0.1mm，烧结层间由于粉体间熔融不完全出现了孔隙；当激光能量密度降低至 6.58mJ/mm^2（图 5-3（c））时，烧结层界面更加明显，有部分熔融不完全的小颗粒黏结在烧结层的表面，烧结件内部的孔隙率明显增加，且孔洞直径明显增加；当激光能量密度进一步降低，烧结件的烧结层界面尤为明显，且产生较大的孔隙；而当激光能量密度进一步降低 5.26mJ/mm^2（图 5-3（d））时，烧结件内部的烧结层已变得模糊不清，内部孔隙进一步增多，孔隙变得无序；当激光能量密度降低至 4.39mJ/mm^2（图 5-3（e））时，烧结件内部的烧结层界面消失，粉体颗粒形貌基本清晰可见，这说明该激光能量密度下，粉体颗粒只是在表面发生熔融，制件靠表面颗粒的熔融黏结成型，内部孔隙由此变多，且孔隙直径增大；而当激光能量密度进一步降低至 3.29mJ/mm^2（图 5-3（f））时，除了烧结件内部的烧结层界面消失，颗粒形状清晰可见，有部分粉体颗粒基本未发生熔融，造

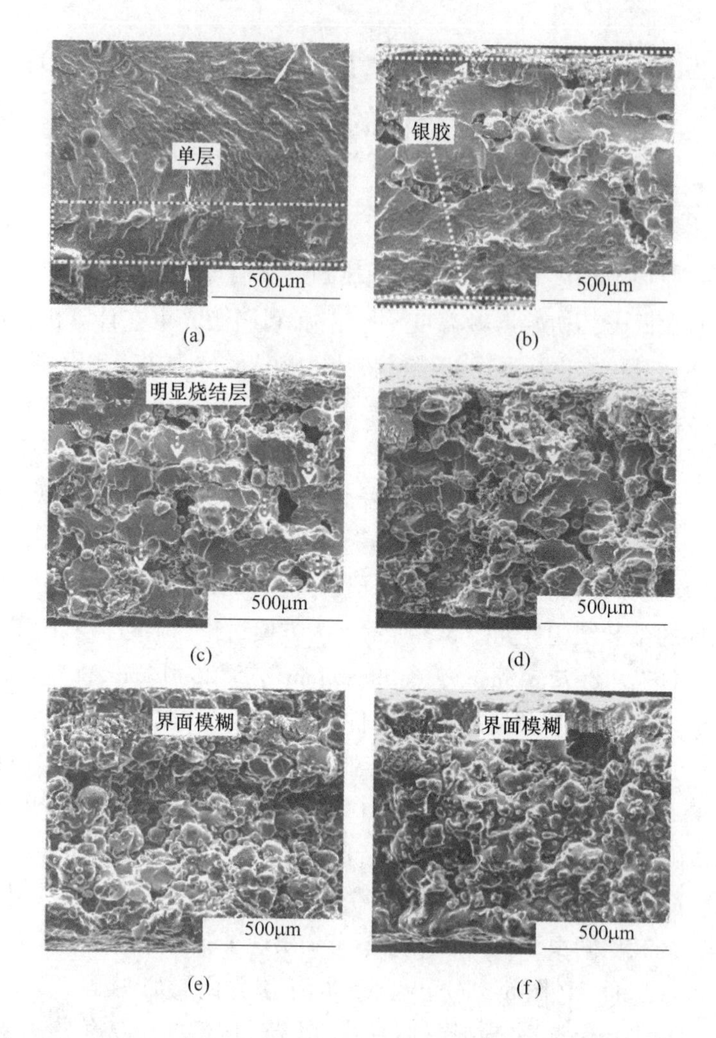

图 5-3　不同激光能量密度下 SLS 加工的 PA11/BaTiO$_3$ 压电复合圆片的 SEM 断裂形貌

（a）13.15mJ/mm^2；（b）8.77mJ/mm^2；（c）6.58mJ/mm^2；（d）5.26mJ/mm^2；（e）4.39mJ/mm^2；（f）3.29mJ/mm^2

成该制件的层间黏结力很弱，实际清粉过程中制件表面会发生粉体脱落现象，很难作为功能件使用。

5.3.2　不同激光能量密度下压电器件的孔隙率

通过饱和浸渍技术可以测量各烧结件的孔隙率，如图 5-4 所示。从图中可以看出，烧结件的孔隙率随激光能量密度的上升而降低，这与上面 SEM 观察到的结果一致。值得注意的是，当激光能量密度从 3.29mJ/mm^2 上升至 4.39mJ/mm^2 时，烧结件的孔隙率由 19.6%急剧降低至 6.0%；当激光能量密度进一步升高时，烧结件的孔隙率下降的幅度降低，说明高分子粉体在 SLS 加工时，存在一个临界激光能量密度。当激光能量密度高于此临界值时，聚合物会快速熔融合并，黏结在一起；而当激光能量密度小于该临界值时，高分子粉体颗粒表面熔融程度较低，黏结作用较弱。

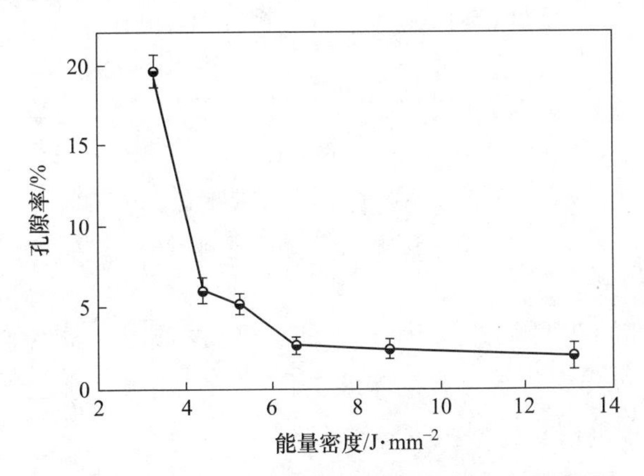

图 5-4 压电器件的孔隙率与激光能量密度的关系

5.3.3 不同激光能量密度下压电器件的介电性能

作为压电器件需要具有良好的介电性能[8]。不同激光能量密度下制备的压电器件在常温条件下的介电常数随频率的依赖关系如图 5-5 所示。可见，在较低频率条件下（40~10^6Hz），压电器件的介电常数随频率的升高迅速降低；当频率高于 10^6Hz 时，介电常数趋于平稳。结合介质的极化机理[9]，复合材料在加载外电场时存在原子的位移极化、极性基团的反转极化和界面产生的空间电荷三种极化形式。在低频条件下，复合材料的介电常数变化主要是界面极化造成的。作为典型的非均匀介质，界面的存在使载流子在迁移过程中受阻，电荷在界面和陶瓷表面的缺陷处堆积，产生明显的空间电荷极化，即界面极化；此时在低频条件下还存在另外两种极化形式，所以复合材料的介电常数较高。由于界面极化所需的时间长、频率低，随频率的增加，空间电荷极化跟不上电场的变化，导致复合材料的介电常数下降，在高频条件下复合材料主要表现为原子位移极化。压电器件的介电常数随激光能量密度的降低而降低，这主要是制件内部的孔隙率随激光能量密度的降低而升高导致的[10]。

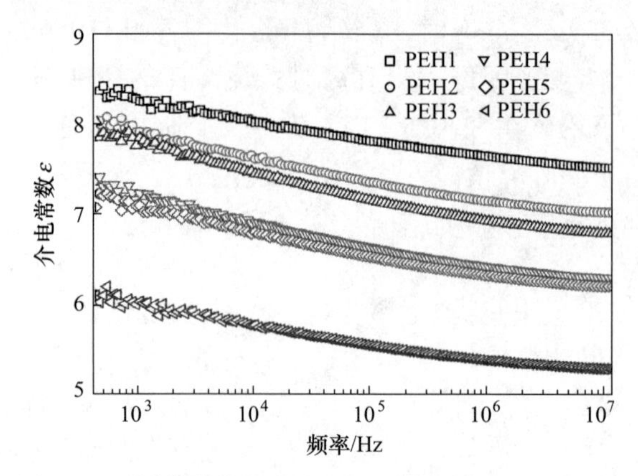

图 5-5　不同激光能量密度下 SLS 制备的 $PA11/BaTiO_3$ 复合材料介电的频率依赖性

材料内部的孔隙率既可以通过饱和浸渍技术测得，也可以通过布鲁格曼方程[11]计算出来。首先假设体系中含有三种组分，即空气、钛酸钡和 PA11，根据布鲁格曼方程：

$$\eta_a \frac{\varepsilon_a - \varepsilon}{\varepsilon_a + 2\varepsilon} + \eta_B \frac{\varepsilon_B - \varepsilon}{\varepsilon_B + 2\varepsilon} + \eta_P \frac{\varepsilon_P - \varepsilon}{\varepsilon_P + 2\varepsilon} = 0 \tag{5-1}$$

式中　η_a，η_B，η_P——空气，$BaTiO_3$ 和 PA11 的体积含量；

ε——复合材料的介电常数；

ε_a，ε_B，ε_P——空气，$BaTiO_3$ 和 PA11 的介电常数。

三种组分的介电常数分别列于表 5-1 中。将以上参数代入公式（5-1）可以得到复合材料中的孔隙率，见表 5-1。从表中可以看出，通过理论计算得到的孔隙率和实验测得的结果基本一致，说明该理论模型能够很好预测烧结件内部的孔隙率。从另外一个角度来讲，在已知材料内部孔隙率时，可以通过该理论模型来预测复合材料的介电常数。

表 5-1　通过 Bruggeman 模型计算的 $PA11/BaTiO_3$ 复合材料中空气的体积百分比

项目	PA11	空气	$BaTiO_3$	PEH1	PEH2	PEH3	PEH4	PEH5	PEH6
ε	3. 45	1	2690[12]	8. 28	7. 89	7. 84	7. 15	7. 04	6. 02
η_a	—	—	—	1. 26	3. 33	3. 62	7. 91	8. 68	17. 16

5.3.4 不同激光能量密度下压电器件的开路电压和短路电流

开路电压和短路电流是压电器件在力电转化过程中的两个重要指标。选择性激光烧结制备的圆片状 $PA11/BaTiO_3$ 纳米压电复合材料制件在线性马达推杆加速度为 $1m/s^2$ 的冲击作用下开路电压和短路电流如图 5-6 所示。从图中可以看出，压电器件的开路电压和短路电流随激光能量密度的降低呈现同样的先升高后下降的趋势。即使如此，PEH6 的开路电压和短路电流仍大于 PEH1，说明制件内部孔隙率的存在能有效提高压电器件的电学输出性能。从图中可以看出，PEH5 的开路电压达到最高值 6.43V，短路电流也可以达到 84.4nA，分别是 PEH1 的开路电压和短路电流的 2.5 倍。孔隙率对压电器件的输出性能的影响因素比较复杂，不能通过单一因素来确定。首先，压电器件的能量转化性能可以通过品质因数（Figure of Merit，FOM）[13] 来衡量，其表达式为：

$$FOM = d_{33}g_{33} \quad (pm^2 \cdot N^{-1}) \tag{5-2}$$

式中 d_{33}——压电应变常数；

g_{33}——压电电压常数，可以通过下式计算：

$$g_{33} = \frac{d_{33}}{\varepsilon_r \varepsilon_0} \tag{5-3}$$

式中 ε_r——样品的介电常数；

ε_0——真空介电常数，将公式（5-3）代入公式（5-2）可得：

$$FOM = \frac{d_{33}^2}{\varepsilon_r \varepsilon_0} \quad (pm^2 \cdot N^{-1}) \tag{5-4}$$

从公式（5-4）可以看出，压电器件的品质因数与压电应变常数的平方成正比，与材料的介电常数成反比。由上文得知，材料的介电常数随着孔隙率的增加而降低，因而材料的压电品质因数随孔隙率的增加而上升。有一点值得注意的是，材料的电学输出性能是随孔隙率的升高呈现先上升后下降的趋势，这就要从另一方面来说明。对于多孔压电材料而言，其输出性能是材料应变和气孔能量耗散竞争的结果。在同样的外力条件下，压电材料的孔隙率越高，其对力学变化就越敏感，材料形变量就越大，进而使材料拥有较高的输出性能[4,14]。然而。材料内部较高的孔隙率在变形的过程中也伴随着较大的能量损耗。因此，孔隙率对压电材料输出性能的影响存在一个临界值。当孔隙率低于该临界值时，形变的影响作用将高于能量耗散的影响，一定程度上提高材料的输出性能；当孔隙率高于该临界值时，压电材料的能量损耗较大，占主导地位，远高于形变量对输出性能的影响，从而使压电材料的输出性能降低。但不论怎样，多孔压电材料的电学信号输出始终高于内部结构相对密实的材料，因此，SLS 在加工聚合物过程中难以避免地产生的孔隙，对压电器件来说是一种天然的优势。

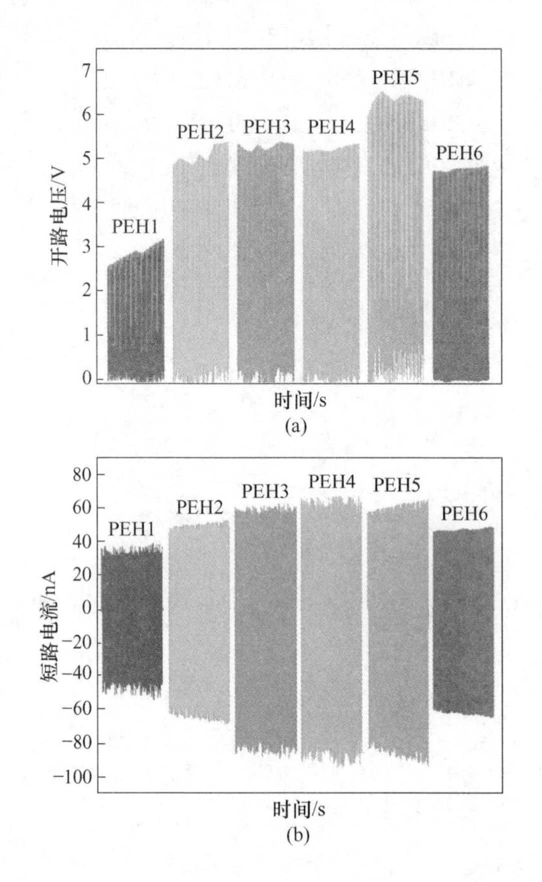

图 5-6　不同圆片在线性电动机以 1m/s² 的固定加速度恒定机械压力(150N)下产生的开路电压(a)和短路电流(b)

5.3.5　不同加速度下压电器件的开路电压和短路电流

PEH5 的开路电压和短路电流随加速度的变化关系如图 5-7 所示。从

图 5-7（a）和（b）中可以看出，PEH5 的开路电压和短路电流随加速度的增大而增大。当线性马达推杆的加速度为 $7m/s^2$ 时，PEH5 的开路电压和短路电流分别达到 8.03V 和 149.9nA。压电器件的输出性能随加速度的增大而增大主要是材料内部的阻抗随应变速率的提高而降低[15]。在较高的加速度下，压电器件因变形产生的正负电荷抵消部分减少，导致更多的电荷累积到电极上。外接电路上的电子使压电势达到平衡的时间较少，从而导致压电器件的输出电压和输出电流较大[16]。

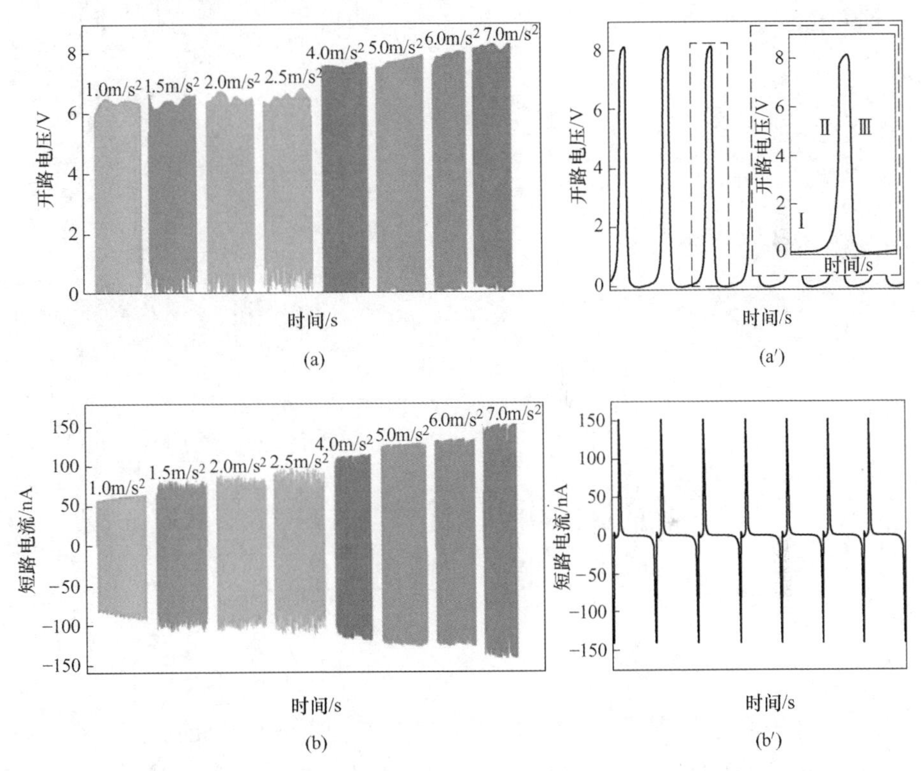

图 5-7　在加速度为 $1\sim7m/s^2$ 下，片状 PEH5 的开路电压（a）和相应的短路电流（b），在 $7m/s^2$ 的加速度下片状 PEH5 的开路电压（a′）和相应的短路电流（b′），插图是一个周期内片状 PEH5 的开路电压的放大图

5.3.6　压电器件的电压输出机理

压电器件产生力电转换的机理如图 5-8 所示。压电材料未被极化时，内部的偶极子沿任意方向排列，无规取向；一旦对其施加高压电场，材料内部的偶极子沿所施加的电场方向排列，即使撤销电场，材料内部的偶极

子排列方向也不会恢复到原始状态；当压电材料受到垂直应力时，压电材料发生形变产生极化电荷，为了平衡产生的压电势，极化电荷产生的电场将吸引/排斥上下电极中的电子，产生一个电流信号；应力撤销后，极化电荷产生的电场消失，原始积累的电子按相反方向流回，从而产生一个相反方向的电流。压电材料在每个阶段对应的输出信号可以参照图 5-7（a′）中的电压放大图，当无外力时，图中信号为直线；当线性马达推杆冲击样品时，图中的电压信号表现为上升的曲线；外力撤销后，电压信号表现为下降的曲线。

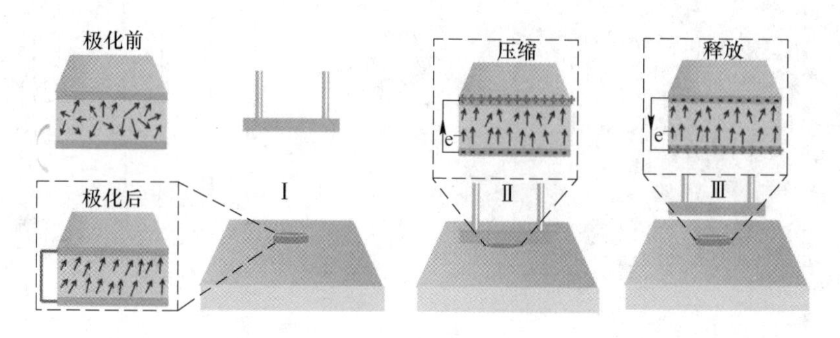

图 5-8　在一个振动周期内通过冲击压电器件发电的示意图

5.4　通过结构设计优化 PA11/$BaTiO_3$ 压电器件的输出性能

5.4.1　多孔压电器件的结构设计

上述可知，通过调控 SLS 加工的工艺参数即可获得不同孔隙率的压电器件，进而获得不同的输出性能。SLS 作为 3D 打印技术一项重要的分支技术，其最大的特点就是能够通过软件设计不同的结构模型，并通过激光加热获得该模型的实体。因此，宏观多孔结构对压电器件有没有影响？压电器件的输出性能能否通过结构设计得到优化？基于以上两个问题，我们通过控制结构单元的半径 r 即可设计得到孔隙率不同的三维模型，如图 5-9 所示。四种模型及烧结制件分别命名为 PEH-1X、PEH-5X、PEH-10X、PEH-20X，其对应的方程分别为：

$$(x^2+y^2-1)(x^2+z^2-1)(y^2+z^2-1)=1 \tag{5-5}$$

$$(x^2+y^2-1)(x^2+z^2-1)(y^2+z^2-1)=5 \tag{5-6}$$

$$(x^2+y^2-1)(x^2+z^2-1)(y^2+z^2-1)=10 \tag{5-7}$$

$$(x^2+y^2-1)(x^2+z^2-1)(y^2+z^2-1)=20 \tag{5-8}$$

从图 5-9（a）中可以看出，结构单元的弧度半径依次增大，相应的孔壁尺寸也增大，导致相同体积下的结构单元的孔隙尺寸降低，孔隙率也相应降低，这一点可从图 5-9（b）中看出。通过软件设计得到的三维模型示意图如图 5-9（c）所示，虽然三维模型的外观构造类似，但内部的孔隙大小却依次降低，孔隙率下降。

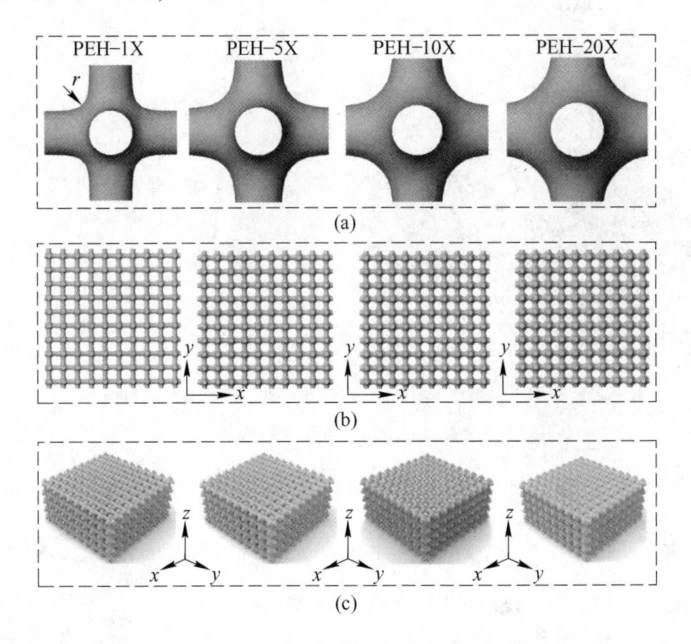

图 5-9 用 Rhinoceros 5 软件设计了具有不同孔隙率的 3D 压电器件
（a）模型的单元，并通过调控参数 r 来改变每个单位的孔隙率和壁厚；
（b）模型的二维平面结构；（c）三维模型图

5.4.2 SLS 制备的多孔 PA11/BaTiO$_3$ 压电器件的外观质量

通过 SLS 加工得到具有不同孔隙率的 PA11/BaTiO$_3$ 压电器件，如图 5-10 所示，四种制件所采用的加工工艺参数相同。从图 5-10（a）中可以看出，四种孔隙率不同的压电器件孔隙尺寸依次减小，进一步放大烧结件的倍数，如图 5-10（b）和（c）所示，可见烧结件的尺寸精度良好，边缘结构清晰，未出现翘曲或烧结盈余现象。

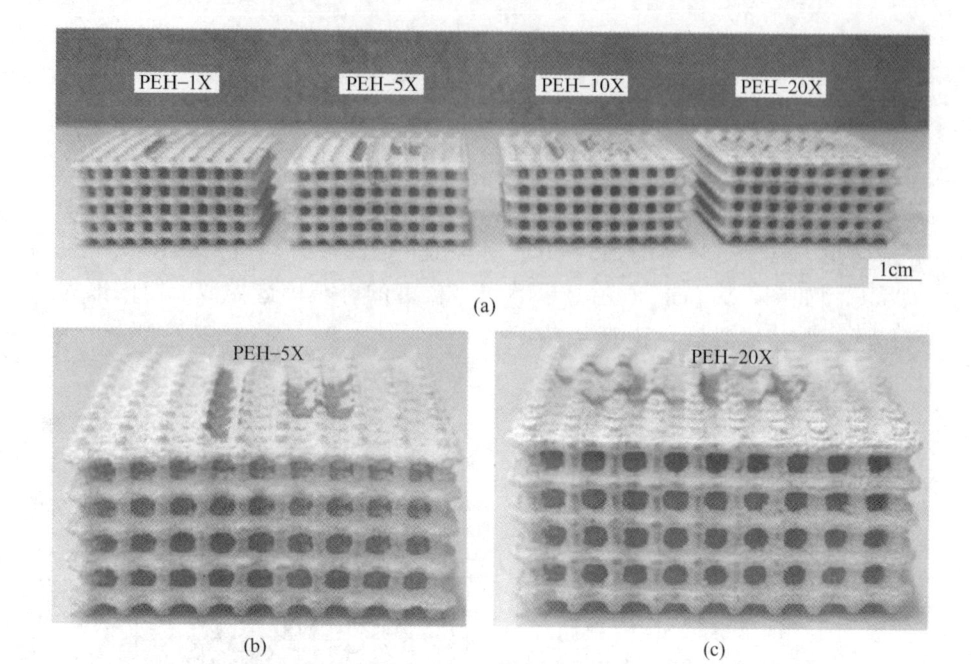

图 5-10　通过 SLS 工艺制造了具有不同孔隙率的 PA11/$BaTiO_3$ 压电器件
（整个加工过程中使用的激光能量密度均为 4. 39mJ/mm^2）

5. 4. 3　SLS 制备的多孔 PA11/$BaTiO_3$ 压电器件的输出性能

上述可知，采用激光能量密度为 4. 39mJ/mm^2 加工得到的压电材料的输出性能最佳，主要归因于制件内部的微孔结构。因此，我们通过宏观结构设计和工艺参数调整可得到同时具有微观和宏观孔结构的压电器件。将压电器件固定在线性马达推杆的前端，采用同样的冲击加速度（5m/s^2）测试各压电器件的输出性能，其所测试的开路电压如图 5-11 所示。

可见，压电器件的开路电压随孔隙率的降低呈先上升后稳定的趋势。PEH-1X 的开路电压为 16. 48V（图 5-11（a）），PEH-5X 的开路电压为 21. 70V（图 5-11（b）），而 PEH-10X 和 PEH-20X 的开路电压基本保持在 24. 44V 左右（图 5-11（c）和（d）），说明通过结构设计压电器件的孔隙大小能够调控制件的输出性能。压电器件的宏观孔隙大小存在最优化值。当制件的宏观孔隙尺寸较大时，制件在冲击作用下的可变形空间较大，更多的机械能由于制件的物理变形而被损失，导致压电器件的开路电压相对

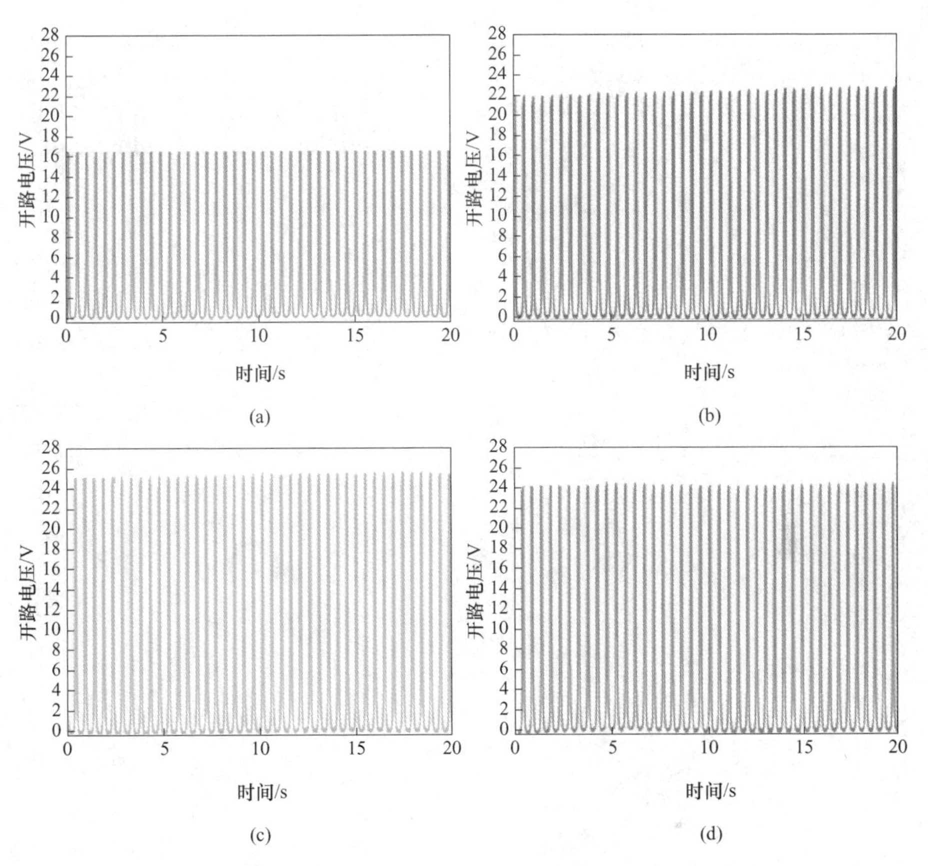

图 5-11 多孔 PA11/$BaTiO_3$ 压电器件的开路电压

(a) PEH-1X；(b) PEH-5X；(c) PEH-10X；(d) PEH-20X

较小。随着压电器件的宏观孔隙尺寸降低，制件的可变形空间相应较低，更多的机械能赋予到聚合物和陶瓷颗粒上，进而转化成电能。当压电器件的宏观空隙尺寸降低至一定程度时，机械能转化成电能的那部分能量趋于平衡，导致压电器件的开路电压基本不再发生变化。

四种具有不同孔隙率的压电器件的短路电流如图 5-12 所示。可见，制件的短路电流和开路电压具有同样的趋势，随着孔隙尺寸或孔隙率的降低而呈现先升高后稳定的趋势。PEH-1X 的最大短路电流为 0.84μA（图 5-12（a）），PEH-5X 和 PEH-10X 的短路电流基本维持在 0.93μA 左右（图 5-12（b）和（c）），而 PEH-20X 的最大短路电流稍微上升至 0.99μA 左右（图 5-12（d））。

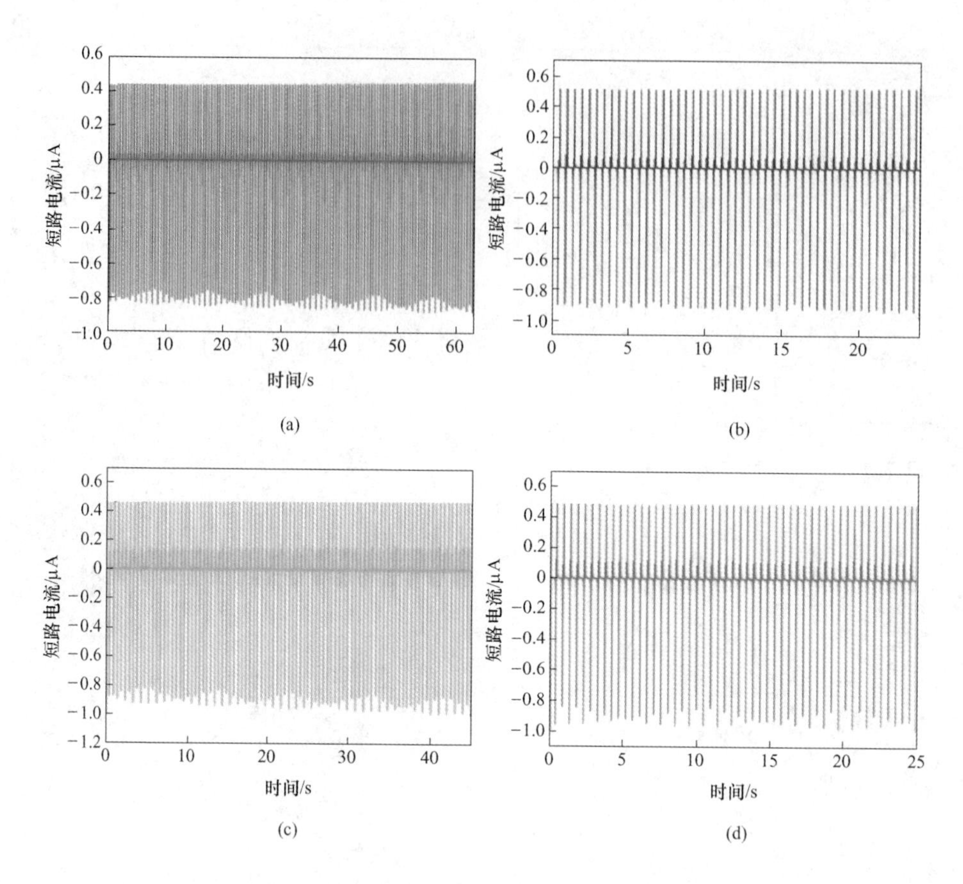

图 5-12 多孔 PA11/$BaTiO_3$ 压电器件的短路电流

（a）PEH-1X；（b）PEH-5X；（c）PEH-10X；（d）PEH-20X

5.4.4 SLS 制备的多孔 PA11/$BaTiO_3$ 压电器件的应用测试

为考察上述压电器件的实际应用潜力，我们测试了 PEH-10X 在线性马达推杆加速度为 5m/s^2 时驱动 LED 灯的效果，如图 5-13 所示。如图 5-13（a)和（b）所示，线性马达推杆在计算机控制下按照一定频率和加速度做往复运动，对压电器件施加一定的冲击力，由于样品和推杆顶端的距离一定，因此每次施加的作用力是相同的，保证了测试的重复性。在外力作用下，PEH-10X 产生的输出电能能够同时驱动 12 个绿色 LED 灯，说明该压电器件产生的电能在自供给系统、传感系统以及能量采集系统方面有较大的应用潜力。

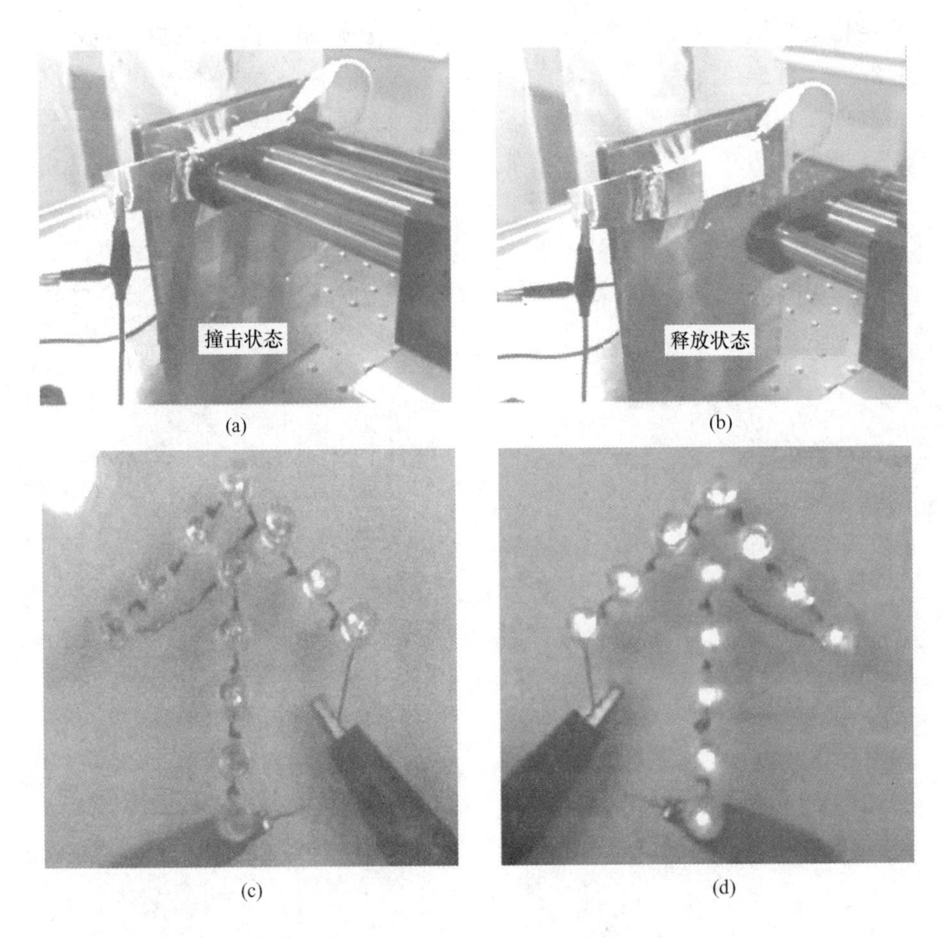

图 5-13 PEH-10X 在撞击状态(a)和释放状态(b)下的照片，
PEH-10X 点亮 LED 灯的数码照片(c)和(d)

5.5 其他几何结构的压电器件的输出性能

5.5.1 其他几何结构的压电器件的开路电压和短路电流

通过 ProE 软件设计了其他不同宏观结构的 PA11/$BaTiO_3$ 纳米压电复合材料制件，构建宏观结构和能量输出的关系，如图 5-14 所示。结果表明，具有复杂支架结构的纳米级压电复合材料制件在 5m/s^2 条件下的开路电压和短路电流分别为 2.9V 和 7nA（图 5-14（a）和（d）），具有片式阵列结构的纳米压电复合材料制件的开路电压和短路电流可以达到 44V 和 1.8μA（图 5-14（b）和（e）），而具有柱式阵列结构的纳米压电复合材料制件在同样条件下的开路电压和短路电流分别为 28V 和 1.1μA（图 5-14（c）和（f））。根据 SLS 加工制件的尺寸，具有片状阵列结构和柱式阵列结构的能量输出密度分别为 $1.8\times10^{-5}mW/mm^3$ 和 $1.7\times10^{-5}mW/mm^3$，这一方面说明该材料得到的压电器件的力电转化效率可以通过结构设计来优化，另一方面说明该材料在同样的加工条件下能量输出稳定，具有较高的重复性。

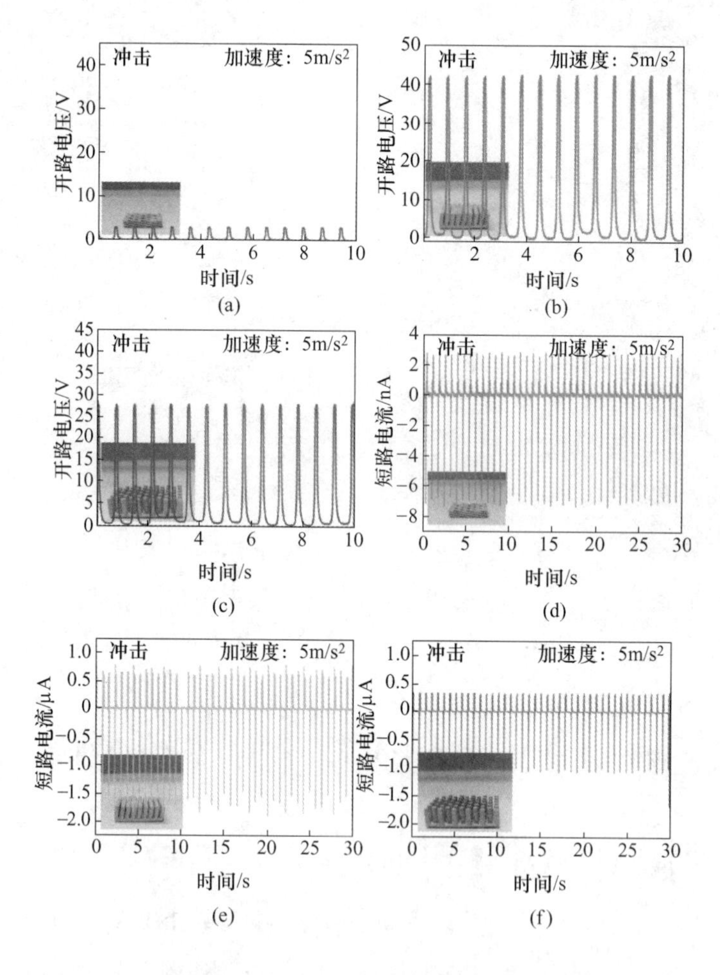

图 5-14　具有支架结构(a)，片状阵列结构(b)和柱状阵列结构(c)的压电器件在以 $5m/s^2$ 的加速度冲击时产生的开路电压，(d)～(f)是它们对应的短路电流，插图代表压电器件的光学照片

5.5.2 柱式结构的压电器件的应用性能

测试柱式阵列结构的 PA11/$BaTiO_3$ 纳米压电器件在线性马达推杆在恒定加速度 5m/s^2 条件下的应用性能，如图 5-15 所示。图 5-15（a）为线性马达推杆冲击压电器件的数码照片，撞击时推杆与样品间的距离与上文保持一致。结果表明，该纳米压电器件实现了将收集的机械能转化为电能并同时驱动 10 个小型 LED 灯。

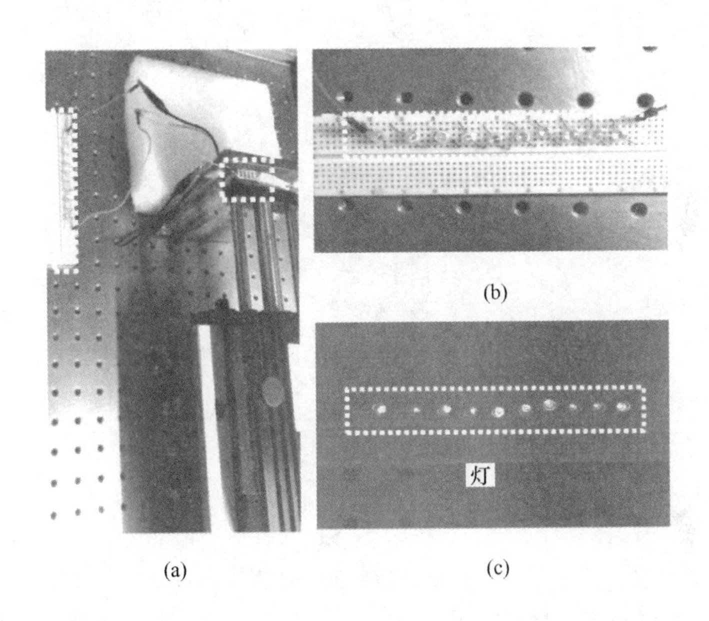

图 5-15 线性马达推杆冲击压电器件的数码照片（a），LED 灯的原始状态（b）和具有柱状阵列结构的压电器件同时点亮十个 LED 灯（c）

5.5.3 柱式结构的压电器件的耐久性

经过 2000 次循环冲击试验，具有柱式结构的纳米压电器件的开路电压如图 5-16 所示。从图 5-16（a）及其局部放大图（图 5-16（b））可见，柱式压电器件的开路电压在经历 2000 次循环冲击时，基本保持不变。此外，取出柱式压电器件可观察到撞击表面未出现裂纹。以上结果表明，该方法制备的压电器件具有良好的耐久性，可用于稳定连续俘获能量装置，为自驱动系统的构建提供了新思路。

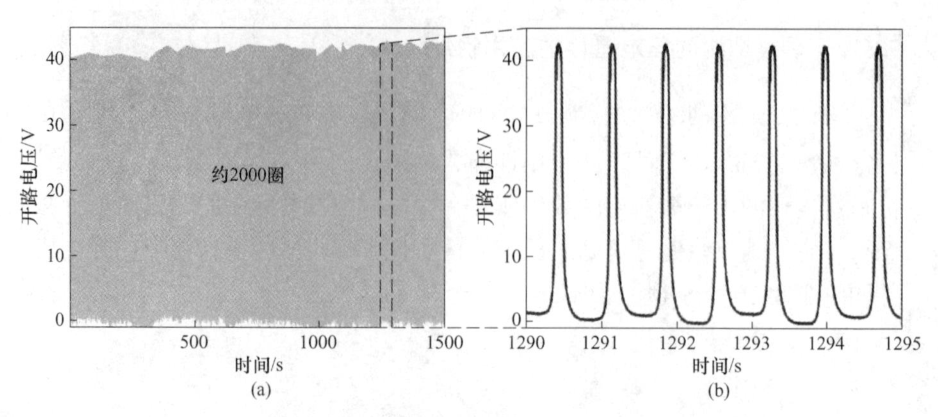

图 5-16　超过 2000 次循环时，输出电压的稳定性（a）和左侧图像中所选区域的放大图（b）

5.6　本 章 小 结

本章设计了具有宏观复杂多孔结构的压电器件，建立了 SLS 加工调控压电器件微孔结构，提高力电转化效率的新技术，系统研究了压电器件的微观和宏观结构对力电转换效率的影响及机理。

$PA11/BaTiO_3$ 压电器件的内部孔隙率随激光能量密度的降低而升高，其开路电压和短路电流随孔隙率的升高先上升后下降，这主要是孔隙率对材料介电常数、变形及能量损耗共同作用的结果。一方面，制件的介电常数随孔隙率的升高而降低，导致压电电压常数提高；另一方面较高的孔隙率使材料对外力更加敏感，在外力作用下更容易发生变形，激发材料内部偶极子发生偏转，产生更强的电学信号。

压电器件的开路电压和短路电流随宏观孔隙率的降低先上升后趋于稳定，最大开路电压和短路电流分别达到 24.44V 和 0.99μA，可同时驱动 12 个 LED 灯。此外，具有片式或柱式阵列结构的压电器件也具有优异的输出性能和耐久性，为高性能复杂压电器件的设计和加工提供理论和实验基础。

参 考 文 献

[1] Senthilkumaran K, Pandey P M, Rao P V M. Influence of building strategies on the accuracy of parts in selective laser sintering [J]. Materials & Design, 2009, 30 (8):

2946~2954.

[2] Deckers J, Kruth J P, Shahzad K, et al. Density improvement of alumina parts produced through selective laser sintering of alumina-polyamide composite powder [J]. CIRP Annals, 2012, 61 (1): 211~214.

[3] Zhu W, Yan C, Shi Y, et al. A novel method based on selective laser sintering for preparing high-performance carbon fibres/polyamide12/epoxy ternary composites [J]. Sci-Entific Reports, 2016, 6 (1): 1~10.

[4] Mao Y, Zhao P, McConohy G, et al. Sponge-like piezoelectric polymer films for scalable and integratable nanogenerators and self-powered electronic systems [J]. Advanced Energy Materials, 2014, 4 (7): 1301624.

[5] Adhikary P, Garain S, Mandal D. The co-operative performance of a hydrated salt assisted sponge like P (VDF-HFP) piezoelectric generator: an effective piezoelectric based energy harvester [J]. Physical Chemistry Chemical Physics, 2015, 17 (11): 7275~7281.

[6] Zhang Z, Yao C, Yu Y, et al. Mesoporous piezoelectric polymer composite films with tunable mechanical modulus for harvesting energy from liquid pressure fluctuation [J]. Advanced Functional Materials, 2016, 26 (37): 6760~6765.

[7] Yan C, Hao L, Xu L, et al. Preparation, characterisation and processing of carbon fibre/polyamide-12 composites for selective laser sintering [J]. Composites Science and Technology, 2011, 71 (16): 1834~1841.

[8] Seo I T, Choi C H, Song D, et al. Piezoelectric properties of lead-free piezoelectric ceramics and their energy harvester characteristics [J]. Journal of the American Ceramic Society, 2013, 96 (4): 1024~1028.

[9] Lin J, Wang X. Novel low-κ polyimide/mesoporous silica composite films: Preparation, microstructure, and properties [J]. Polymer, 2007, 48 (1): 318~329.

[10] Tchmyreva V V, Ponomarenko A T, Shevchenko V G. Structure and dielectric properties of polymeric composites with ferroelectric fillers [J]. E-Polymers, 2003, 3 (1).

[11] Dang Z M, Ma L J, Zha J W, et al. Origin of ultralow permittivity in polyimide/mesoporous silicate nanohybrid films with high resistivity and high breakdown strength [J]. Journal of Applied Physics, 2009, 105 (4): 044104.

[12] Dutta P K, Asiaie R, Akbar S A, et al. Hydrothermal synthesis and dielectric properties of tetragonal $BaTiO_3$ [J]. Chemistry of Materials, 1994, 6 (9): 1542~1548.

[13] Choi Y J, Yoo M J, Kang H W, et al. Dielectric and piezoelectric properties of ceramic-polymer composites with 0-3 connectivity type [J]. Journal of Electroceramics, 2013, 30 (1~2): 30~35.

[14] McCall W R, Kim K, Heath C, et al. Piezoelectric nanoparticle-polymer composite

foams [J]. ACS Applied Materials & Interfaces, 2014, 6 (22): 19504~19509.

[15] Chang C, Tran V H, Wang J, et al. Direct-write piezoelectric polymeric nanogenerator with high energy conversion efficiency [J]. Nano Letters, 2010, 10 (2): 726~731.

[16] Gu L, Cui N, Cheng L, et al. Flexible fiber nanogenerator with 209 V output voltage directly powers a light-emitting diode [J]. Nano Letters, 2013, 13 (1): 91~94.